电化学传感器
原理及应用研究

武五爱　著

DIANHUAXUE CHUANGANQI
YUANLI JI YINGYONG YANJIU

化学工业出版社
·北京·

内 容 简 介

本书系统介绍了电化学传感器的相关技术及应用研究，主要内容包括电化学传感器的原理和应用，具体包括电位型传感器、电流型传感器和电导型传感器。讨论了新型气体传感器、基于纳米材料的电化学传感器、离子敏感场效应晶体管（ISFET）型化学传感器、基于溶胶-凝胶材料固定生物分子的电化学传感器及基于分子印迹技术等新型电化学传感器的应用及发展。

本书取材新颖，内容丰富。适用于电化学和电分析化学领域的研究人员使用。

图书在版编目（CIP）数据

电化学传感器原理及应用研究/武五爱著 . —北京：
化学工业出版社，2020.11
ISBN 978-7-122-37685-5

Ⅰ.①电… Ⅱ.①武… Ⅲ.①电化学-化学传感器-研究 Ⅳ.①TP212.2

中国版本图书馆 CIP 数据核字（2020）第 168685 号

责任编辑：张双进 　　　　　　　　文字编辑：朱　允　陈小滔
责任校对：张雨彤 　　　　　　　　装帧设计：王晓宇

出版发行：化学工业出版社（北京市东城区青年湖南街 13 号　邮政编码 100011）
印　　装：北京科印技术咨询服务公司海淀数码印刷分部
710mm×1000mm　1/16　印张 11　字数 204 千字　　2020 年 11 月北京第 1 版第 1 次印刷

购书咨询：010-64518888 　　　　　　售后服务：010-64518899
网　　址：http://www.cip.com.cn
凡购买本书，如有缺损质量问题，本社销售中心负责调换。

定　　价：78.00 元 　　　　　　　　　　　　版权所有　违者必究

前 言

电化学传感器通过测定目标分子或物质的电化学性质，从而进行定性和定量的分析和测量。电化学传感器技术因其具有便携、低成本、操作简单、选择性好、灵敏度高和多元素同时检测等优点而得到越来越多的应用。

电化学传感器的发展具有悠久的历史，它的基本理论和技术发展与电分析化学密切相关，最早的电化学传感器可以追溯到20世纪50年代。近年来，随着纳米材料科学和微电子技术的快速发展以及新原理、新技术、新材料和新工艺的广泛采用，传感器在小型化、微型化、智能化方向得到了日新月异的发展，具有特殊性能和优点的电化学传感器不断涌现并进入实际应用。在欧美，伏安法已经取代了传统的原子吸收法，广泛应用于医药、生物和环境分析领域。

我国在"十三五"规划发展期间，环保设备和监控领域的市场达4亿元，并且以每年25%～30%的速度增长。可以预见，利用新技术和新材料，紧密结合中国的市场实际，开发简单、实用、自动化、免维护的传感器，在水质、大气、工业过程监测和健康监控领域将具有十分广阔的市场。

本书系统、全面地介绍了电化学传感器的相关技术及其应用研究，全书共分8章，第1～3章主要介绍了传感器的相关基础知识及发展动向；第4～6章主要是对电化学测量方法、原理的分析进行研究，从热力学、动力学的角度进行介绍、分析；第7～8章详细、具体地介绍电化学传感器的制备方法及几种新型电化学传感器。

本书在编写过程中，参考了国内外相关的文献资料，在此向文献资料的作者表示敬意，由于作者水平有限，书中难免有不妥之处，敬请广大读者批评指正，提出宝贵意见与建议。

编者
2019 年 5 月

目 录

第一章

传感器概述

众所周知，人们具有"五官感觉"，即所谓的视觉、味觉、触觉、嗅觉、听觉。通过各种感觉器官，人们才能了解世界、认识自然、感知周围发生和变化的一切，从而改造自然，推动人类社会的进步，促进科学技术的发展。传感器技术就是实现"五官感觉的人工化"，即通过传感器的开发研究，依据仿生学技术，实现"人造"的五种感官，如图 1-1 所示。

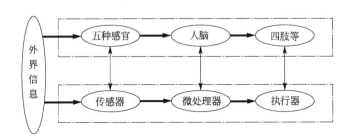

图 1-1　传感器原理

如果从可以感知光和力的传感器的研究算起，传感器的研究历史十分久远。人们早已知道的所谓"光电效应""压电效应"等各种效应是利用物理现象转化为各种信息的过程，这就是物理传感器的研究范围。物理传感器的研制开发依附于半导体技术的研究成果，而目前的半导体技术正向微型化、集成化、超微技术加工、超微集成加工等方向发展，所以物理传感器的技术也随之同步发展，尤其是超微机械加工技术的应用，是非常引人注目的领域。

第一节　传感器的定义

国家标准 GB/T 7665—2005 对传感器下的定义是："能感受被测量并按照一定的规律转换成可用输出信号的器件或装置，通常由敏感元件和转换元件组成。"传感器是一种检测装置，它是实现自动检测和自动控制的首要环节。传感器能感受到被测量的信息，并能将检测、感受到的信息按一定规律变换成为电信号或其他所需形式的信息输出，以满足信息的传输、处理、存储、显示、记录和控制等要求。

信息处理技术取得的进展以及微处理器和计算机技术的高速发展，都有利于传感器的开发。微处理器现在已经在测量和控制系统中得到了广泛的应用。随着这些系统性能的增强，作为信息采集系统的前端单元，传感器的作用越来越重要。传感器已成为自动化系统和机器人技术中的关键部件，作为系统中的一个结构组成，其重要性变得越来越明显。广义上来说，传感器是一种能把物理量或化学量转变成便于利用的电信号的器件。国际电工委员会（IEC：International Electrotechnical Commission）将传感器定义为："传感器是测量系统中的一种前置部件，它将输入变量转换成可供测量的信号。"按照 Gopel 等的说法，传感器是包括承载体和电路连接的敏感元件，而传感器系统则是组合有某种信息处理（模拟或数字）能力的传感器。传感器是传感器系统的一个组成部分，它是被测量信号输入的第一道关口。

传感器系统的原则框图见图 1-2，进入传感器的信号幅度是很小的，而且混杂有干扰信号和噪声。

图 1-2　传感器系统的原则框图

为了方便随后的处理过程，首先要将信号转换成具有最佳特性的波形，有时还需要将信号线性化，该工作是由放大器、滤波器以及其他一些模拟电路完成的。在某些情况下，这些电路的一部分是和传感器部件直接相邻的。成形后的信号随后转换成数字信号，并输入到微处理器。德国和俄罗斯学者认为传感器应由两部分组成，即直接感知被测量信号的敏感元件部分和初始处理信号的电路部分。按这种理解，传感器还包含了信号成形器的电路部分。

传感器系统的性能主要取决于传感器的组成环节和输入量，传感器把某种形式的能量转换成另一种形式的能量。传感器有两类：有源传感器和无源传感器。有源传感器能将一种能量形式直接转变成另一种，不需要外接的能源或激励源。

无源传感器不能直接转换能量形式，但它能控制从另一输入端输入的能量或激励源。传感器承担将某个对象或过程的特定特性转换成数量的工作。其对象可以是固体、液体或气体，而它们的状态可以是静态的，也可以是动态（即过程）的。对象特性被转换量化后可以通过多种方式检测。对象的特性可以是物理性质的，也可以是化学性质的。按照其工作原理，传感器将对象特性或状态参数转换成可测定的电学量，然后将此电信号分离出来，送入传感器系统加以评测或标示。各种物理效应和工作机理被用于制作不同功能的传感器。传感器可以直接接触被测量对象，也可以不接触。用于传感器的工作机制和效应类型不断增加，其包含的处理过程日益完善。

常将传感器的功能与人类 5 大感觉器官相比拟，如图 1-3 所示。

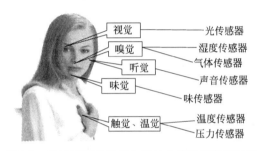

图 1-3 传感器的功能与人类 5 大感觉器官相比拟

与传感器相比，人类的感觉能力较强，但传感器的部分性能比人的感觉功能优越。例如人类没有能力感知紫外或红外线辐射，感觉不到电磁场、无色无味的气体等。

传感器被设定了许多技术要求，有一些要求对所有类型传感器都适用，也有只对特定类型传感器适用的特殊要求。针对传感器的工作原理和结构在不同场合均需达到的基本要求是：高灵敏度、抗干扰的稳定性（对噪声不敏感）、线性容易调节（校准简易）、高精度、高可靠性、无迟滞性、工作寿命长（耐用性）、可重复性好、抗老化、高响应速率、抗环境影响（热、振动、酸、碱、空气、水、尘埃）的能力强、选择性好、安全性强（传感器应是无污染的）、具有互换性、低成本、宽测量范围、小尺寸、重量轻和高强度、宽工作温度范围。

第二节 传感器的分类

目前对传感器尚无一个统一的分类标准，但比较常用的有如下几种。

1. 按照被测物理量分类

如：力、压力、位移、温度、角度传感器等。

2. 按照传感器的工作原理分

如：应变式传感器、压电式传感器、压阻式传感器、电感式传感器、电容式传感器、光电式传感器等。

3. 按照传感器转换能量的方式分

① 能量转换型：压电式、热电偶、光电式传感器等。

② 能量控制型：电阻式、电感式、霍尔式等传感器以及热敏电阻、光敏电阻、湿敏电阻等。

4. 按照传感器工作机理分

① 结构型：电感式、电容式传感器等。

② 物性型：压电式、光电式、各种半导体式传感器等。

5. 按照传感器输出信号的形式分

① 模拟传感器。将被测量的非电学量转换成模拟电信号。

② 数字传感器。将被测量的非电学量转换成数字输出信号（包括直接和间接转换）。

③ 膺数字传感器。将被测量的信号量转换成频率信号或短周期信号的输出（包括直接或间接转换）。

④ 开关传感器。当一个被测量的信号达到某个特定的阈值时，传感器相应地输出一个设定的低电平或高电平信号。在外界因素的作用下，所有材料都会作出相应的、具有特征性的反应。

6. 按照传感器的用途分

传感器可分为压力传感器、位置传感器、液位传感器、能耗传感器、速度传感器、热敏传感器、加速度传感器、射线辐射传感器、振动传感器、敏传感器、磁敏传感器、真空传感器、物位传感器等。

7. 按照传感器所用材料分

① 按照其所用材料的类别分为金属、聚合物、陶瓷、混合物传感器。

② 按材料的物理性质分导体、绝缘体、半导体磁性材料传感器。

③ 按材料的晶体结构分单晶、多晶、非晶材料传感器。

8. 按照传感器的制造工艺分

按照传感器的制造工艺分为集成传感器、薄膜传感器、厚膜传感器、陶瓷传感器。

① 集成传感器是用标准的生产硅基半导体集成电路的工艺技术制造的。通常还将用于初步处理被测信号的部分电路也集成在同一芯片上。

② 薄膜传感器则是通过沉积在介质衬底（基板）上的相应敏感材料的薄膜形

成的。使用混合工艺时，同样可将部分电路制造在此基板上。

③ 厚膜传感器是利用相应材料的浆料，涂覆在陶瓷基片上制成的，基片通常是由 Al_2O_3 制成，然后进行热处理，使厚膜成形。

④ 陶瓷传感器采用标准的陶瓷工艺或某种变种工艺（溶胶-凝胶等）生产。完成适当的预备性操作之后，已成形的元件在高温中进行烧结。

厚膜和陶瓷传感器这两种工艺之间有许多共同特性，在某些方面，可以认为厚膜工艺是陶瓷工艺的一种变型。每种工艺技术都有自己的优点和不足。由于研究、开发和生产所需的资本投入较低，以及传感器参数的高稳定性等原因，采用陶瓷和厚膜传感器比较合理。

9. 按照传感器转换原理分

根据传感器转换原理可分为物理传感器和化学传感器两大类。

物理传感器应用的是物理效应，诸如压电效应，磁致伸缩现象，离化、极化、热电、光电、磁电等效应。被测信号量的微小变化都将转换成电信号。

化学传感器包括那些以化学吸附、电化学反应等现象为因果关系的传感器，被测信号量的微小变化也将转换成电信号。有些传感器既不能划分到物理类，也不能划分为化学类。大多数传感器是以物理原理为基础运作的。化学传感器技术问题较多，例如可靠性问题，规模生产的可能性，价格问题等。解决了这类难题，化学传感器的应用将会有更广阔的前景。

第三节　传感器静态特性和动态特性性能指标

检测控制系统和科学实验中，需要对各种参数进行检测和控制。而要达到比较优良的控制性能，则必须要求传感器能够感测被测量的变化并且不失真地将其转换为相应的电量。这种要求主要取决于传感器的基本特性。传感器的基本特性主要分为静态特性和动态特性。

静态特性是指检测系统的输入为不随时间变化的恒定信号时，系统的输出与输入之间的关系。主要包括线性度、灵敏度、迟滞、重复性、漂移等。

动态特性是指检测系统的输入为随时间变化的信号时，系统的输出与输入之间的关系。主要动态特性的性能指标有时域单位阶跃响应性能指标和频域频率特性性能指标。

一、传感器静态特性性能指标

1. 线性度

指传感器输出量与输入量之间的实际关系曲线偏离拟合直线的程度。

2. 灵敏度

灵敏度是传感器静态特性的一个重要指标。其定义为输出量的增量 Δy 与引起该增量的相应输入量增量 Δx 之比。它表示单位输入量的变化所引起传感器输出量的变化。显然，灵敏度 S 值越大，表示传感器越灵敏。

3. 迟滞（回差滞环）

传感器在输入量由小到大（正行程）及输入量由大到小（反行程）变化期间其输入、输出特性曲线不重合的现象称为迟滞。也就是说，对于同一大小的输入信号，传感器的正、反行程输出信号大小不相等，这个差值称为迟滞差值。

4. 重复性

重复性是指传感器在输入量按同一方向作全量程连续多次变化时，所得特性曲线不一致的程度。

5. 漂移

传感器的漂移是指在输入量不变的情况下，传感器输出量随着时间变化，此现象称为漂移。产生漂移的原因有两个方面：一是传感器自身结构参数；二是周围环境（如温度、湿度等）。最常见的漂移是温度漂移，即周围环境温度变化而引起输出量的变化。温度漂移主要表现为温度零点漂移和温度灵敏度漂移。温度漂移通常用传感器工作环境温度偏离标准环境温度（一般为 20℃）时的输出值的变化量与温度变化量之比表示。

6. 测量范围

传感器所能测量到的最小输入量与最大输入量之间的范围称为传感器的测量范围。

7. 量程

传感器测量范围的上限值与下限值的代数差，称为量程。

8. 精度

传感器的精度是指测量结果的可靠程度，是测量中各类误差的综合反映。测量误差越小，传感器的精度越高。

传感器的精度用其量程范围内的最大基本误差与满量程输出之比的百分数表示。其基本误差是传感器在规定的正常工作条件下所具有的测量误差，由系统误差和随机误差两部分组成。工程技术中为简化传感器精度的表示方法，引用了精度等级的概念。精度等级以一系列标准百分比数值分档表示，代表传感器测量的最大允许误差。如果传感器的工作条件偏离正常工作条件，还会带来附加误差，温度附加误差就是最主要的附加误差。

9. 分辨率和阈值

传感器能检测到输入量最小变化量的能力称为分辨力。对于某些传感器，如电位器式传感器，当输入量连续变化时，输出量只做阶梯变化，则分辨力就是输出量的每个"阶梯"所代表的输入量的大小。对于数字式仪表，分辨力就是仪表指示值的最后一位数字所代表的值。当被测量的变化量小于分辨力时，数字式仪表的最后一位数不变，仍指示原值。当分辨力以满量程输出的百分数表示时则称为分辨率。

阈值是指能使传感器的输出端产生可测变化量的最小被测输入量值，即零点附近的分辨力。有的传感器在零位附近有严重的非线性，形成所谓的"死区"，则将死区的大小作为阈值。更多情况下，阈值主要取决于传感器噪声的大小，因而有的传感器只给出噪声电平。

10. 稳定性

稳定性表示传感器在一个较长的时间内保持其性能参数的能力。理想的情况是不论什么时候，传感器的特性参数都不随时间变化。但实际上，随着时间的推移，大多数传感器的特性会发生改变。这是因为敏感元件或构成传感器的部件，其特性会随时间发生变化，从而影响了传感器的稳定性。

二、传感器动态特性性能指标

传感器的输入信号是随时间变化的动态信号，这时就要求传感器能时刻精确地跟踪输入信号，按照输入信号的变化规律输出信号。当传感器输入信号的变化缓慢时，是容易跟踪的，但随着输入信号的变化加快，传感器随动跟踪性能会逐渐下降。输入信号变化时，引起输出信号也随时间变化，这个过程称为响应。动态特性就是指传感器对于随时间变化的输入信号的响应特性，通常要求传感器不仅能精确地显示被测量的大小，而且还能复现被测量随时间变化的规律，这也是传感器的重要特性之一。

传感器的动态特性与其输入信号的变化形式密切相关，在研究传感器动态特性时，通常是根据不同输入信号的变化规律来考察传感器响应的。实际传感器输入信号随时间变化的形式可能是多种多样的，最常见、最典型的输入信号是阶跃信号和正弦信号。这两种信号在物理上较容易实现，而且也便于求解。

1. 阶跃输入信号

传感器的响应称为阶跃响应或瞬态响应，它是指传感器在瞬变的非周期信号作用下的响应特性。这对传感器来说是一种严峻的考验，如传感器能复现这种信号，那么就能很容易地复现其他种类的输入信号，其动态性能指标也必定会令人满意。

2. 正弦输入信号

正弦输入信号也称为频率响应或稳态响应。它是指传感器在振幅稳定不变的正弦信号作用下的响应特性。稳态响应的重要性，在于工程上所遇到的各种非电信号的变化曲线都可以展开成傅里叶（Fourier）级数或进行傅里叶变换，即可以用一系列正弦曲线的叠加来表示原曲线。因此，当已知传感器对正弦信号的响应特性后，也就可以判断它对各种复杂变化曲线的响应了。

3. 动态数学模型

为便于分析传感器的动态特性，必须建立动态数学模型。建立动态数学模型的方法有多种，如微分方程、传递函数、频率响应函数、差分方程、状态方程、脉冲响应函数等。建立微分方程是对传感器动态特性进行数学描述的基本方法。在忽略了一些影响不大的非线性和随机变化的复杂因素后，可将传感器作为线性定常系统来考虑，因而其动态数学模型可用线性常系数微分方程来表示。能用一、二阶线性微分方程来描述的传感器分别称为一、二阶传感器，虽然传感器的种类和形式很多，但它们一般可以简化为一阶或二阶环节的传感器（高阶可以分解成若干个低阶环节），因此一阶和二阶传感器是最基本的。

传感器的动态特性是传感器在测量中非常重要的因素，它是传感器对输入激励的输出响应特性。一个动态特性好的传感器，随时间变化的输出曲线能同时再现输入随时间变化的曲线，即输出、输入具有相同类型的时间函数。

4. 传感器的动态特性和误差概念

在动态的输入信号状态下，输出信号一般来说不会与输入信号具有完全相同的时间函数，这种输出与输入间的差异就是所谓的动态误差。不难看出，有良好的静态特性的传感器，未必有良好的动态特性。这是由于在动态（快速变化）的输入信号状态下，要有较好的动态特性，不仅要求传感器能精确地测量信号的幅值大小，而且要能测量出信号变化过程的波形，即要求传感器能迅速准确地响应信号幅值变化和无失真地再现被测信号随时间变化的波形。

5. 传感器的动态特性和影响因素

动态特性的"固有因素"任何传感器都有，只不过表现形式和作用程度不同而已。研究传感器的动态特性主要是为了从测量误差角度分析产生动态误差的原因以及提出改善措施。具体研究时，通常从时域或领域两方面采用瞬态响应法和频率响应法来分析。

由于激励传感器信号的时间函数是多种多样的，在时域内研究传感器的响应特性，同自动控制系统分析一样，只能通过对几种特殊的输入时间函数，如阶跃函数、脉冲函数和斜坡面数等来研究其响应特性。在领域内通常利用正弦函数研究传感器的频率响应特性。为了便于比较、评价或动态定标，常用的输入信号为阶跃信号和正弦信号。因此对应的方法是阶跃响应法和频率响应法。掌握传感器的基本特性能够更好地应用传感器。

第四节 传感器的应用领域

信息化的 21 世纪，离不开传感器。传感器的应用领域非常广泛，例如电子计算机、生产自动化、现代信息、军事、交通、化学、环保、能源、海洋开发、遥感、宇航等。

一、传感器在工业检测和自动控制系统中的应用

在石油、化工、电力、钢铁、机械等工业生产中需要及时检测各种工艺参数，通过电子计算机或控制器对生产过程进行自动化控制，如图 1-4 所示。传感器是任何一个自动控制系统必不可少的环节。

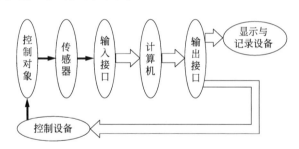

图 1-4 自动控制系统

二、传感器在家用电器中的应用

现代家用电器中普遍应用传感器。传感器在电子炉灶、自动电饭锅、吸尘器、空调器、电子热水器、热风取暖器、风干器、报警器、电熨斗、电风扇、游戏机、电子驱蚊器、洗衣机、洗碗机、照相机、电冰箱、彩色及平板电视机、录像机、录音机、收音机、影碟机及家庭影院等方面得到了广泛的应用。

随着人们生活水平的不断提高，对提高家用电器产品的功能及自动化程度的要求越来越强烈。为满足这些要求，首先要使用能检测模拟量的高精度传感器，以获取正确的控制信息，再由微型计算机进行控制，使用家用电器更加方便、安全、可靠，并减少能源消耗，为更多的家庭创造一个舒适的生活环境。

目前，家庭自动化的蓝图正在设计之中，未来的家庭将由中央控制装置的微型计算机，通过各种传感器代替人监视家庭的各种状态，并通过控制设备进行着

各种控制。家庭自动化的主要内容包括：安全监视与报警、空调及照明控制、耗能控制、太阳光自动跟踪、家务劳动自动化及人身健康管理等。家庭自动化的实现，可使人们有更多的时间用于学习、教育或休息娱乐。

三、传感器在医学中的应用

随着医用电子学的发展，仅凭医生的经验进行诊断的时代将会结束。现在，应用医用传感器可以对人体的表面和内部温度、血压、血液及呼吸流量、血液、脉波及心音、心脑电波等进行高难度的分析与诊断。显然，传感器对促进医疗技术的高度发展起着非常重要的作用。

为提高全国人民的健康水平，我国医疗制度的改革，将把医疗服务对象扩大到全民。以往的医疗工作仅局限于以治疗疾病为中心，今后，医疗工作将在疾病的早期诊断、早期治疗、远距离诊断及人工器官的研制等广泛的范围内发挥作用，而传感器在这些方面将会得到越来越多的应用。

四、传感器在环境保护中的应用

"绿水青山就是金山银山。"党的十八大以来，以习近平同志为核心的党中央高瞻远瞩，大力推进生态文明建设，引领中华民族在永续发展的征途上奋勇前行。

目前，地球的大气污染、水质污浊及噪声已严重地破坏了地球的生态平衡和我们赖以生存的环境，这一现状已引起了世界各国的重视。为保护环境，利用传感器制成的各种环境监测仪器正在发挥着积极的作用。比如说 PM2.5 等超标，这些都是通过传感器检测出来的。

五、传感器在遥感技术中的应用

卫星遥感（satellite remote sensing）是航天遥感的组成部分，以人造地球卫星作为遥感平台，主要利用卫星对地球和低层大气进行光学和电子观测。即从远离地面的不同工作平台上（如高塔、气球、飞机、火箭、人造地球卫星、宇宙飞船、航天飞机等）通过传感器对地球表面的电磁波（辐射）信息进行探测，并经信息的传输、处理和判读分析，对地球的资源与环境进行探测和监测的综合性技术。

在飞机及航天飞行器上使用的传感器是近紫外线、可见光、远红外线及微波等传感器。在船舶上向水下观测时多采用超声波传感器。例如，要探测一些矿产资源埋藏的地区，就可以利用人造卫星上的红外接收传感器对从地面发出的红外线进行测量，然后由人造卫星通过微波再发送到地面站，经地面站计算机处理，便可根据红外线分布的差异判断出埋有矿藏的地区。

六、传感器在军事方面的应用

现在的战场也是高度的信息化，而信息化是绝对离不开传感器的。军事专家认为：一个国家军用传感器制造技术水平的高低，体现了该国武器制造水平的高低，体现了该国武器自动化程度的高低，最终体现了该国武器性能的优劣。当今，传感器在军事上的应用极为广泛，可以说无时不用、无处不用。大到星体、两弹、飞机、舰船、坦克、火炮等装备系统，小到单兵作战武器；从参战的武器系统到后勤保障；从军事科学试验到军事装备工程；从战场作战到战略、战术指挥；从战争准备、战略决策到战争实施。传感器的应用遍及整个作战系统及战争的全过程，而且必将在未来的高技术战争中促使作战的时域、空域和频域更加扩大，更加影响和改变作战的方式和效率，大幅度提高武器的威力和作战指挥及战场管理能力。

七、传感器在机器人上的应用

目前，在劳动强度大或危险作业的场所，已逐步使用机器人取代人的工作。一些高速度、高精度的工作，由机器人来承担也是非常合适的。但这些机器人多数是用来进行加工、组装、检验等工作，属于生产用的自动机械式的单能机器人。在这些机器人身上仅采用了检测臂的位置和角度的传感器。

要使机器人和人的功能更为接近，以便从事更高级的工作，要求机器人能有判断能力，这就要给机器人安装传感器，特别是视觉传感器和触觉传感器，使机器人通过视觉对物体进行识别和检测，通过触觉对物体产生压觉、力觉、滑动感觉和重量感觉。这类机器人被称为智能机器人，它不仅可以从事特殊的作业，而且一般的生产、事务和家务，全部可由智能机器人去处理，这是现在发展机器人的主要研究对象之一。

八、传感器与物联网

物联网是指通过信息传感设备，按约定的协议，将任何物体与网络相连接，物体通过信息传播媒介进行信息交换和通信，以实现智能化识别、定位、跟踪、监管等功能。物联网是一个基于互联网、传统电信网等信息承载体，让所有能够被独立寻址的普通物理对象实现互联互通的网络。它具有普通对象设备化、自治终端互联化和普适服务智能化 3 个重要特征。

简单地讲，物联网是物与物、人与物之间的信息传递与控制，在物联网应用中有三项关键技术，其中就包括传感器技术。

传感器好比人的眼耳口鼻，但又不仅仅只是人的感官那么简单，它甚至能够采集到更多的有用信息。传感器是整个物联网系统工作的基础，正是因为有了传感器，物联网系统才有内容传递给"大脑"。

第五节 传感器在国民经济中的地位及发展方向

传感器对现代化科学技术、现代化农业及工业自动化的发展起到基础和支柱作用，同时也被世界各国列为关键技术之一。可以说没有传感器就没有现代化的科学技术，没有传感器也就没有人类现代化的生活环境和条件。传感器技术已成为科学技术和国民经济发展水平的标志之一。

现代传感器制造业的进展取决于传感器技术的新材料和敏感元件的开发强度。传感器开发的基本趋势是和半导体以及介质材料的应用密切关联的。传感器的发展可以归纳为下述三个方向：

① 在已知的材料中探索新的现象、效应和反应，然后使它们能在传感器技术中得到实际使用。

② 探索新的材料，应用那些已知的现象、效应和反应来改进传感器技术。

③ 在研究新型材料的基础上探索新现象、新效应和新反应，并在传感器技术中加以具体实施。

第二章

电化学传感器概述及分类

传感器（sensor）可视为信息采集和处理链中的一个逻辑元件。1983年在日本福冈举行的"第一届国际化学传感器会议"中首次采用的专业名词——化学传感器（chemical sensor）代表着可用以提供被检测体系（液相或气相）中化学组分实时信息的一类器件。

与物理传感器不同，化学传感器的检测对象是化学物质，在大多数情况下是测定物质的分子变化，尤其是要求对特定分子有选择性的响应，即对某些特定分子具有选择性的效果，再转换成各种信息表达出来。这就要求传感器的材料必须具有识别分子的功能。当前传感器开发研究的一方面重点就是开发具有识别分子功能的优良材料。

第一节　电化学传感器概述

化学传感器研究的先驱者是 Cremer。1906年，Cremer 首次发现了玻璃膜电极的氢离子选择性响应现象。随着研究的不断深入，1930年，使用玻璃薄膜的 pH 传感器进入了实用化阶段。在此以后直至1960年，化学传感器的研究进展十分缓慢。1961年，Pungor 发现了卤化银薄膜的离子选择性响应现象，1962年，日本学者清山发现了氧化锌对可燃性气体的选择性响应现象，这一切都为气体传感器的应用研究开辟了道路。1967年以后，电化学传感器的研究进入了新的时代，特别是近十多年来的迅速发展令人瞩目。

化学传感器的发展，丰富了分析化学并简化了某些分析测试方法，同时，也促进了自动检测仪表和分析仪器的发展。使某些实际分析测试得以用廉价设备解决某些领域的复杂问题，可节省大量的设备及其维护成本和培训费用。因此，化学传感器的技术是适合我国国情的一种有效的分析手段。

化学传感器的检测对象为化学物质，如按检测物质种类可以分为：以 pH 传感器为代表的各种离子传感器，检测气体的气体传感器以及利用生物特性制成的生物传感器等。如图 2-1 列出了化学传感器的种类。

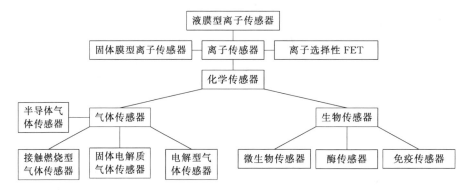

图 2-1　化学传感器的种类

依据其原理化学传感器可分为：电化学式、光学式、热学式、质量式等。电化学式传感器又可以分为电位型传感器、电流型传感器和电导型传感器三类。

一、电位型化学传感器

电位型化学传感器（potentiometric chemical sensor）是在电极和溶液界面上自发地发生化学反应，将被测化学量转变为电势信号的测定装置。在平衡条件下，被测的化学物质量与电势之间的关系符合能斯特（Nernst）方程：

$$E = A \pm B \ln C$$

式中，E 为电极电势；A，B 是与物质种类、温度有关的常数；C 为离子浓度。

pH 玻璃电极和其他离子选择性电极均属于此种类型。电位型化学传感器测定离子浓度需将其与参比电极组成电池，通过测定电池电动势来测定离子浓度。测量电路如图 2-2(a) 所示。

当开关 K 接上标准电池 E，电势差计触点在 D 点位置，调节可变电阻 R，使 $U_{AD} = E$，此时检流计 G 指零。当开关 K 接电极时，由于电化学反应产生的电势 E_x 不等于 E，因此通过移动电势差计触点到 D'，使检流计 G 再指零，此时得到：

$$E_x = \frac{R'_{AD}}{R_{AD}} E$$

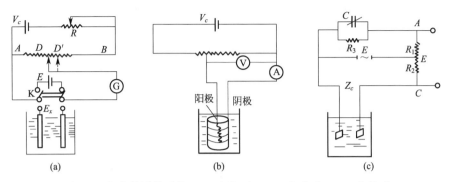

图 2-2 电化学测量系统 (a) 电位型；(b) 电流型；(c) 电导型

二、电流型化学传感器

电流型化学传感器 (amperometric chemical sensor) 是在外加电压下，在电极/溶液界面上发生化学反应将被测化学量转变为电流信号的测定装置。在一定条件下，其电流的大小与离子浓度呈线性关系。

在外加电压下，电极上发生电化学反应的电池称为电解电池。该电解电池测量溶液中的离子浓度有两种方法：测量电流的称**伏安法测量系统**，其中测量扩散电流的称为极谱法；另一种是测量电量的，称为**库仑法测量系统**。测量电路如图 2-2(b) 所示。

三、电导型化学传感器

电导型化学传感器 (conductimetric chemical sensor) 是在外加电压下，将化学量转变成电导信号的测定装置。**在离子浓度不太大时，溶液的电导与离子浓度成正比。**

由于电解质溶液中的**离子均参与导电**，故**电导型化学传感器特异性不高**，这从一定程度上限制了它的广泛使用。测定溶液电导时，为避免电极的双电层充电，以及其他与直流电有关现象的产生，通常采用交流电桥测量溶液的电导，见图 2-2(c)。

化学传感器的检测对象为化学物质，如按检测物质种类可以分为：以 pH 传感器为代表的各种离子传感器、检测气体的气体传感器以及利用生物特性制成的生物传感器等。

第二节 电位型化学传感器

电位型化学传感器通过测定电极平衡电位的值来确定物质的浓度。在已有的电位型传感器中，研究最多的是离子传感器，而离子传感器中出现最早、研究最多的是 pH 传感器。

　　离子传感器也叫做离子选择性电极（ion-selective electrode，ISE），它对特定的离子响应，其构造的主要部分是离子选择性膜。因为膜电位随着被测定离子的浓度而变化，所以通过离子选择性膜的膜电位可以测定出离子的浓度。

　　离子传感器的主要构造如图 2-3 所示。通常由参比电极、内部标准溶液、离子选择性膜构成。内部标准溶液一般为含相同离子的强电解质溶液（0.1mol·kg^{-1}），也有的传感器不用内部标准溶液，而是金属和离子选择性膜直接相连。作为参比电极，一般使用饱和甘汞电极（SCE）或者 Ag/AgCl 电极。

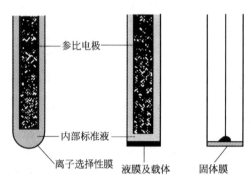

参比电极

内部标准液

离子选择性膜　　液膜及载体　　固体膜

图 2-3　离子传感器的主要构造

　　离子传感器中内部参比电极和外部参比电极之间的电位差即为膜电位。也有把外部参比电极组合成一体化的传感器。有的传感器还带有温度补偿用的热敏电阻。

　　一般说来，设电极膜是对某种阳离子 M^{n+} 有选择性穿透的薄膜，当电极插入含有该离子的溶液中时，由于它和膜上的相同离子进行交换而改变两相界面的电荷分布，从而在膜表面上产生膜电位 $\varphi_{膜}$。膜电位与溶液中离子 M^{n+} 的活度 $a_{M^{n+}}$ 的关系，可用能斯特方程来表示：

$$\varphi_{膜} = \varphi_{膜}^{\ominus} - \frac{2.303RT}{zF} \lg \frac{1}{a_{M^{n+}}}$$

$\varphi_{膜}^{\ominus}$ 中包含膜内表面的膜电位、内参比电极的电极电势以及除浓度外其他对电极电势的影响因素。

　　同样，对阴离子 R^{n-} 有选择性的电极，则有如下的关系：

$$\varphi_{膜} = \varphi_{膜}^{\ominus} - \frac{2.303RT}{zF} \lg a_{R^{n-}}$$

　　当离子选择性电极与甘汞电极组成电池后，

$$E = \varphi_{参} - \varphi_{膜} = \varphi' + \frac{2.303}{zF} \lg a_{M^{n+}}$$

式中，φ' 为条件电极电势。

　　根据上式只要配制一系列已知浓度 M^{n+} 的标准溶液，并以测得的电动势 E 值与

相应的 $\lg a_{M^{n+}}$ 值绘制校正曲线，即可按相同步骤求得未知溶液中欲测离子的浓度。

例如，氟离子传感器是以 LaF_3 单晶片作为薄膜，内部标准溶液为 $0.1 mol \cdot L^{-1}$ KF 和 $0.1 mol \cdot L^{-1}$ NaCl，可以写成：

$$AgCl + Ag \left| \begin{array}{l} F^- (0.1 mol \cdot L^{-1}) \\ Cl^- (0.1 mol \cdot L^{-1}) \end{array} \right| LaF_3 \left| \text{含 } F^- \text{ 的未知液} \right.$$

对于 pH 传感器，当玻璃膜和氢离子浓度分别为 a_{H^+} 与 $a_{H^+}^{\ominus}$ 的水溶液接触时，产生的膜电位为：

$$\varphi_{膜} = \varphi^{\ominus} + \frac{2.303RT}{F} \lg a_{H^+}$$

$a_{H^+}^{\ominus}$ 是已知的（内部标准溶液，例如 $a_{H^+}^{\ominus} = 0.1 mol \cdot L^{-1}$），则被测定溶液的 pH 和测定电位 E 之间具有如下关系：

$$\varphi = \frac{RT}{F} \ln \left(\frac{a_{H^+}}{a_H^{\ominus}} \right)$$

$$\varphi = 常数 + \frac{RT}{F} \ln a_{H^+}$$

298K 时，

$$E = 常数 - 0.05916 pH$$

如果体系有浓度较大的 Na^+ 存在时，还必须考虑 Na^+ 带来的影响，公式变为：

$$E = 常数 + \frac{RT}{F} \ln(a_{H^+} + K_H a_{Na^+})$$

式中，K_{H, Na^+} 为离子选择常数。K_H，Na^+ 越小，对 H^+ 的选择性越好。

离子传感器是按可以简便地测出离子膜电位的原则设计的。在离子传感器中研究较多的是玻璃电极，除测量 pH 的电极外，引进玻璃的成分，已制成了 Na^+、K^+、NH_4^+、Ag^+、Ti^+、Li^+、Rb^+、Cs^+ 等一系列一价阳离子的选择性电极。此外还有几种膜电极，例如用 Ag_2S 压片可制成 S^{2-} 选择性电极，已制成了 F^+、Cl^-、Br^-、I^-、CN^-、NO_3^- 等阴离子选择电极。

最近几年有关化学修饰电极的研究为新型电位传感器的研制提供了机遇。特别是随着聚合物修饰电极的发展，发现许多物质电化学聚合后制成的修饰电极对 pH 都有响应，而且抗氧化-还原物质的能力有了很大的改善。最早用作 pH 电位传感器的化学修饰电极是电化学聚合制得的聚（1,2-二氨基苯）修饰电极。该电极在 pH=4～10 几乎呈能斯特响应，斜率为 53mV/pH，线性相关系数为 0.991。这种修饰电极对 pH 响应的原因是电极表面聚合物中胺链的质子化。pH 约为 4～5，电位响应最低。这是聚合物链中质子化位置已饱和的缘故。后来，人们又发现苯酚、苯胺及其衍生物电化学聚合制成修饰电极后同样能用作 pH 电位传感器。另外，4,4'-二氨基联苯、8-

羟基喹啉及一些含羟基、氮原子的芳香化合物经聚合修饰到电极表面后，也有 pH 响应。表 2-1 列出了某些芳香族化合物经聚合后修饰电极的 pH 响应。

化学修饰电极用作离子电位传感器的研究中，除 pH 电位传感器外，还有阴离子和钾离子电位传感器等。例如，人们在研究聚合物修饰电极时发现：掺杂有 Cl^-、Br^-、ClO^- 等阴离子的导电高分子——聚吡咯（PPy）修饰电极对所掺杂的阴离子具有良好的电位响应，可以制成聚合物掺杂的阴离子电位传感器。对于 Cl^- 掺杂的 PPy 薄膜电极，浸入含有 Cl^- 的溶液中活化一段时间，对 Cl^- 显示出稳定的电位响应。PPy 薄膜对 Cl^- 良好的电位响应特征可能是由于具有共轭结构的 PPy 阳离子与掺杂的阴离子之间形成了离子缔合物。

化学修饰电极除了用作离子电位传感器外，采用共价键合的二茂铁修饰电极能用作 L-抗坏血酸的电位传感器，电位响应与 pH＝2.2 的氨基乙酸缓冲溶液中 $10^{-3} \sim 10^{-6} \, mol \cdot L^{-1}$ 的 L-抗坏血酸呈线性关系，电极电势响应斜率为 51.5mV，线性相关系数为 0.9997。

在电位型传感器的研制中，近年来发展很快的离子敏感场效应晶体管（Ion sensitive field effect transistor，ISFET）作为电位传感器具有独特的优点。ISFET 是一种将离子选择性敏感膜与半导体场效应器件结合起来的分子或离子敏感器件。ISFET 是测定在两种不同物质接触的界面上所产生的界面电位的一种传感器，它的构造与一般金属栅极的场效应晶体管（field effect transistor，FET，简称场效应管）一样。一般 FET 是把栅片压加在金属栅极上，有漏极电流流过时则开始运作。把 FET 的金属栅极取掉，浸入溶液，根据绝缘膜和溶液界面上产生的界面电位而开始运作，这就是 ISFET。界面电位随溶液中离子浓度的变化而变化。

表 2-1 某些芳香族化合物经聚合后修饰电极的 pH 响应

结构式	mV/pH	服从能斯特方程的 pH 范围	结构式	mV/pH	服从能斯特方程的 pH 范围
OH COCH₃（结构式）	59	5.5~9.0	OH（喹啉结构式）	59	2.5~10.0
OH COCH₃（结构式）	59	4.4~7.5	OH（喹啉结构式）	59	2.5~10.5
OH COOH（结构式）	59	4.6~9.0	OH O OH（蒽醌结构式）	55	6.0~10.5

第三节　电流型化学传感器

人类社会文明程度的高速发展对人类生存的地球环境的破坏是 21 世纪所面临的一个有待改善的问题。为了人类自身的生存发展，对大气环境中污染物的排放进行严格控制成为全世界人民的共同愿望。因此，开发气体传感器已成为当务之急。

目前人们对气体的检测手段有很多，主要方法有以下几种：热导分析（常用于气相色谱分析）；磁式氧分析；电子捕获分析；紫外吸收分析法；光纤传感器；半导体传感器；化学分析法。

在众多的分析方法中，一些分析方法如化学分析法中的化学发光式气体分析仪等，虽然具有检测灵敏度高、准确性强等优点，但由于仪器体积大不能用于现场实时监测，而且价格昂贵，超出一般检测单位的承受能力，所以其应用受到很大限制。有些分析方法，如半导体气敏传感器，灵敏度较低、重现性较差，一般只能用作报警器。而其中的电化学传感器既能满足一般检测所需要的灵敏度和准确性，又具有体积小、操作简单、携带方便、可用于现场监测且价格低廉等优点。所以，在目前已有的各类气体检测方法中，电化学传感器占有很重要的地位。

特别是近些年来**电流型（即控制电位电解型）气体传感器**的问世，由于其体积小，测量精度高，适用于现场直接监测等优点而受到广泛重视。该类传感器可检测的气体种类之多（达数百种），可检测的气体浓度范围之宽（由 10^{-9} 数量级直至 10^{-1} 数量级），应用范围之广是任何一种气体传感器所难以比拟的。

一、电流型气体传感器的发展

目前，电流型电化学气体传感器有许多种（用于检测不同的气体），其中许多已经商品化。目前商品化的电化学传感器已经可以检测的气体有 O_2、CO、H_2S、Cl_2、HCN、PH_3、NO、NO_2、乙醇、肼、偏二甲肼等十几种气体。其主要应用领域有：安全检测、环境监测以及其他特殊用途。如利用 NO 气体传感器测水泥窑温度，CO 气体传感器监测锅炉燃烧效率。

交通警察在办理交通事故案件时，用酒精传感器检测司机是否酗酒，能为办案提供科学可靠的证据。这种传感器是根据呼吸过程中所含酒精气体的分压与传感器的极限扩散电流呈线性关系的原理而研制的。在煤矿工业中，为进一步保护矿工的健康和生命安全，开发了一种检测浓度范围在 $0\sim11.2\times10^{-6}\mu mol\cdot L^{-1}$ 的 CO 报警器。在临床化学中，为检测血液中 O_2 和 CO_2 气体的分压及血液的酸性环境状况而研制的 O_2 和 CO_2 气体传感器，得到很好的应用。这种传感器也能用于非气体物质的检测，有多种用于检测蛋白质、铁含量和 NO_3^- 浓度的电流型电化学传感器。据报道，D-葡萄糖氧化酶可以被固定在氧电极表面，由于酶的氧化导致工作电极缺氧，通过这种方法，可以对体内、体外的 D-葡萄糖、乳酸盐、叶黄素、维生素 C、微生物群、多巴胺和水杨酸盐进行监测。

目前国际上有许多高等学校、科研院所及大型公司对电流型化学气体传感器的科学研究一直在不断地深入开展着，除了继续开发一些新的气体传感器（如 NH_3、O_3、甲醛等）以外，其研究方向大多集中在以下几个方面。

1. 扩大电流型化学传感器的检测范围

除了用于检测气体以外，已发展到检测水中的可挥发物质，如水中的 As、Hg 等，从而能提供一个快速、准确和方便的水质检测方法，这对于水质监测有很重要的意义。也有人致力于利用该类传感器检测非电活性物质，如某些烃类化合物蒸气。在规定的热解条件下将其催化裂解后，就可以用电流型化学传感器检测其浓度。还有人利用图像识别技术配合其他一些条件，用少数几种传感器同时检测十几种甚至几十种不同的气体，这对于一些复杂的环境监测具有十分重要的意义。

2. 延长电流型化学传感器的使用寿命及实现其微型化

在延长传感器的使用寿命及实现其微型化的研究工作中，固体电解质的研究最为突出，其中尤以固体高聚物电解质（SPE）的研究最为活跃。近年来 Nafion 离子交换树脂在工业电解和化学电源中的应用研究进展很快，这为电流型化学传感器中固体电解质的研究提供了借鉴，为延长电流型化学传感器的使用寿命和进一步微型化提供了光明的前景。

3. 新技术在电流型化学传感器中的应用

近年发展起来的化学修饰电极和微电极技术与传感器的结合使传感器的噪声大为降低，信号灵敏度显著增大，最终能使传感器的检测限下降 1~2 个数量级。

二、克拉克电极

氧气对人和动物来说是不可缺少的物质，是维持细胞活动的最基本要素。氧气浓度过高或过低都会导致人的不适甚至死亡。另外，氧气在工农业生产中也扮演着十分重要的角色。因此，在许多场合下对氧气的检测都有着十分重要的意义。最早的电流型化学气体传感器的成功范例是用于氧检测的克拉克（Clark）电极。克拉克电极是一种封闭式氧电极，它是用一疏水透气膜将电解池体系与待测体系分开，以有效地防止电极被待测溶液中某些组分污染。

图 2-4 为克拉克电极结构示意图。1 是绝缘体，铂电极与 Ag/AgCl 参比电极 2 组合在一起，并且用透氧膜 4 与被测溶液隔开，此膜允许被测溶液中溶解的氧通过膜扩散到膜内电解质溶液 3 中，再扩散到铂电极表面进行还原。

氧气进入膜后在电极表面迅速还原。因此，在铂电极附近氧气压为零，这时电路检测的氧气还原电流与气相中氧气的分压成正比，从电流值可以测定氧气的浓度，这就是克拉克电极测定的基本原理。

在克拉克电极中存在有两层膜：一是透气膜，它将电极、电解液与待测溶液分开；二是液膜，在透气膜与电极之间保持有一很薄的并由电解液形成的液膜，厚度为 $5\sim15\mu m$。透气膜一般选用聚四氟乙烯，其中用得最多的是 $10\sim20\mu m$ 的聚四氟乙烯膜。

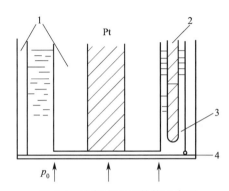

图 2-4　克拉克电极结构示意图

1—绝缘材料；2—Ag/AgCl 参比电极；3—电解质溶液；4—透氧膜

克拉克电极主要用于溶解氧的检测，这种氧传感器由于液膜的存在，气体要到达电极表面必须经过液相扩散。因此，气体扩散到电极表面的速度很慢，气体在液膜中的扩散成为整个电极过程的控制步骤，使传感器的响应时间较长。另外各种结构的氧传感器响应信号低，温度系数大。

三、电流型化学气体传感器的结构原理

在克拉克电极的基础上，经过近二三十年的研究发展，电流型化学气体传感器的种类有很多。它们具有一些共同特性：

① 都有供气体进入的气室或薄膜；

② 一般有三个电极；

③ 有离子导电性的电解质溶液。

图 2-5 是 CO 电流型化学气体传感器的反应原理图解。

气体从下方进入传感器，通过透气膜和筛选膜进入传感器的腔体，并在腔体的电解液中经扩散到达电极表面进行电极反应。由于电极反应本身的速率很快，此类传感器的响应时间主要消耗在气体从电解液中扩散到电极表面这一过程。所以，为了提高响应速度，电极应尽量靠近筛选膜，减少气体的扩散距离，使气体穿过两层膜进入电解液后能很快到达电极表面。

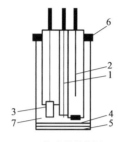

（a）传感器结构图

1—工作电极；2—参比电极；3—辅助电极；4—筛选膜；

5—透气膜；6—环氧树脂；7—电解质溶液

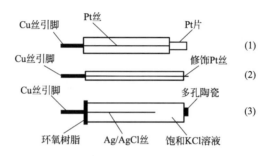

（b）传感器各电极的结构图

（1）辅助电极；（2）工作电极；（3）参比电极

图 2-5   CO 电流型化学气体传感器的反应原理图解

被测气体进入传感器的气室过程可以通过气体的自由扩散完成，也可以通过机械泵，气体可以直接进入传感器，也可以先通过一个过滤器。在这里过滤器的作用一是保护传感器，滤掉被测气体气流中的颗粒；二是提高传感器系统的选择性，这可以通过滤掉有电活性的干扰气体或者由化学反应将这些气体转变成宜于检测的形式。例如，在测 NO 和 NO_2 混合气体中 NO 含量时，可以用一个充分浸润三乙醇胺的过滤器除去气流中的 NO_2 气体，有效地避免了 NO_2 气体的存在对 NO 气体检测的干扰。反之，若要测 NO_2 气体的含量，可以在上述数据基础上，不用过滤器测 NO 和 NO_2 气体的总量，两者相减即得 NO_2 的含量。

四、电流型化学气体传感器的几个性能指标

考察一个传感器的性能好坏主要是看它产生的响应信号所显示的各种参数指标，如灵敏度、准确性、选择性、测量范围、响应时间、温度系数、底电流和噪声、使用寿命以及对工作环境的要求等。对于低浓度气体的检测，灵敏度、选择性、底电流和噪声等是一些比较重要的指标。

1. 灵敏度

灵敏度是电化学传感器的一个重要的特性指标。一些特殊行业，如室内空气监测，海关检查走私、违禁物品（药品，炸弹或其他易燃易爆品）时，要求能检测 10^{-9}、10^{-12} 数量级甚至检测限更低的物质浓度。电化学传感器的灵敏度受以下多种因素的影响：

① 待测物在检测系统中的传质速度；

② 电极材料的电化学活性（包括电极材料、电极的物理形状和工作时的电极电势）；

③ 反应过程中每摩尔物质传递的电流；

④ 待测物在电解液中的溶解性和流动性；

⑤ 传感器的几何形状和样品进入的方法；

⑥ 工作电极产生的噪声信号大小。

将以上几种因素进行最优化组合，可以得到最大信噪比。

一般来说，电流型传感器的信号很大。例如，1.0mL 浓度为 $0.3\mu L/L$ 的三甲基砷（TMA）通过下式反应可以产生 $3.9\times10^{-9}C$ 的电量。

$$As(CH_3)_3+3OH^-\xlongequal{\hspace{1cm}}As+3CH_3OH+3e^-$$

假设分析时间在 i_s（稳态电流）内，那么就可以得到 0.39nA 的电流。但由于实际工作中传感器存在着很大的底电流和噪声电流，使得观察到的电流信号很小。多年来，电流型化学传感器的灵敏度通常在 10^{-6} 数量级。现在，有几种特殊用途的传感器的检测灵敏度可以达到 10^{-9} 数量级，如 NO 传感器、Cl_2 传感器、H_2S 传感器。

2. 选择性

从本质上讲，研究影响传感器选择性的因素主要应从系统的热力学和动力学角度考虑。从热力学角度考虑：比如在 NO 和 N_2 共存条件下检测 N_2 气体，可以选择 N_2 的热力学电势为工作电势，使得在该电势下 N_2 气体发生反应而 NO 气体不反应。从动力学角考虑：以 NO 气体传感器为例，NO 在 Au、Pt 电极上反应都很快，但由于 CO 在 Pt 电极上的反应速率比其在 Au 电极上要快 $10^3\sim10^6$ 倍，所以，在 NO 和 CO 气体共存的环境中用 Au 电极检测 NO 气体就可以获得很好的选择性。因此可知，传感器工作时的电极电势和电催化剂的选择直接影响传感器的选择性。

除此之外，选择合适的电解液和操作方法，外加一个过滤器或有选择性透过的膜也可有助于提高传感器的选择性。

目前关于传感器的选择性的研究工作仍在广泛而深入地开展着。研究工作者经常能提出一些提高选择性的经验式，但至今为止仍没有成熟的理论和公式能对这一问题给予很好的解释。另外出现了一种较复杂的新方法，它是利用图像识别技术将几种传感器组成阵列，同时监测多种气体。这种方法的出现为提高传感器选择性的研究开辟了光明的前景。

3. 响应时间

在安全测试过程中，要求传感器能对环境成分（尤其是有毒气体）作出快速响应，以确保生命和财产安全。在大多数情况下，气体传感器的响应时间都是由经验公式给出的，例如 CO 扩散电极的响应时间公式是一次方程：

$$i = i_s(1 - e^{-at})$$

而 H_2S 扩散电极的响应时间公式是二次方程：

$$di/dt = k(i_s - i)^2$$

式中，i 为任意时刻的电流信号；i_s 为稳态电流；a 为传感器的响应时间常数；k 为电极反应的速率常数。

电流型化学气体传感器的响应时间在很大程度上取决于工作电极与参比电极间的电阻，即溶液电阻。另外，气室的体积和电极反应速率常数也对其有很大影响。

除此之外，减小膜的厚度（即缩短气体扩散路径）也是缩短响应时间的一个方法。为了缩短传感器的响应时间，目前多采用多孔的透气膜来研制气体扩散电极，此时气体在催化剂表面液膜中的扩散将代替气体在透气膜中的扩散而成为电极反应的控制步骤。尽管液膜很薄，但由于气体在液相中的扩散速率较慢，所以液膜便成为缩短传感器响应时间的主要障碍，对于这种结构的传感器来说是无法克服的缺点。目前 90% 该类型传感器的响应时间在 30s 以内。

4. 底电流和噪声

噪声与底电流的存在都对传感器的灵敏度产生不利影响。如果能最大程度地降低底电流和噪声，传感器的灵敏度将显著提高。

通常情况下，电流型化学气体传感器底电流的产生有以下几种原因：

① 电解液或电极上的杂质，如微量的溶解氧或金属；

② 电极的腐蚀，即在阳极电势范围内，贵金属电极催化剂表面缓慢生成氧化层；

③ 反应物或对电极上的反应产物的扩散。

近年来，关于电流型化学气体传感器噪声的产生原因有多种推测。有人认为噪声与电极面积成正比，而也有人认为聚三氟氯乙烯与石墨（Kel-F-graphite）的复合电极能够降低与物质流动有关的噪声，因为组成该复合电极的许多小电极上都呈稳态扩散层。另外，温度的变化也是产生噪声的原因之一。

在实际工作中，测出稳定的底电流和噪声后，可以用计算机软件对实测信号进行扣除处理。目前电流型传感器的最小信噪比 S/N 为 50：1。

5. 其他一些性能

现阶段电流型化学气体传感器的工作温度区间可在（$-20\sim40$）℃，在任何空气湿度范围内均可工作（$5\%\sim95\%$ 时性能最好），检测的准确度在 $\pm12\%$，使用寿命 $1\sim2$ 年。具体的数值与实际需要的具体传感器有关。

第四节 电导型化学传感器

电导型化学传感器是以被测物氧化或还原后电解质溶液电导的变化作为传感器的输出，从而实现物质的检测。

电导率传感器技术是一个非常重要的工程技术研究领域，用于对液体的电导率进行测量，被广泛应用于人类生产生活中，成为电力、化工、环保、食品、半导体、海洋研究开发等工业生产与技术开发中必不可少的一种检测与监测装置。电导率传感器主要对工业生产用水、人类生活用水、海水特性、电池中电解液性质等进行测量与检测。它是通过测量溶液的电导值来间接测量离子浓度的流程仪表（一体化传感器），可在线连续检测工业过程中水溶液的电导率。

一、电导率传感器结构

电导率传感器结构如图 2-6 所示，它由安装在绝缘管道内壁上的 6 个圆环形不锈钢电极组成。其中电极 1 和电极 6 为一对激励电极，给传感器提供幅值恒定的交变电流，在管道中建立电流场。电极 5 和电极 4、电极 3 和电极 2 分别构成流量测量的上游检测电极对和下游检测电极对，在相关测量技术上分别称为上游传感器和下游传感器，用来获取两路流体流动噪声信号。同时，电极 5 和电极 2 又构成含水率测量电极对。集流后，待测流体沿图中箭头方向从传感器内部流过。

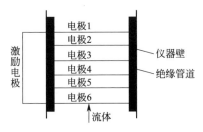

图 2-6 电导率传感器结构

由于电解质溶液是与金属导体一样的电的良导体，因此电流流过电解质溶液时必有电阻作用，且符合欧姆定律。但液体的电阻温度特性与金属导体相反，具有负向温度特性。为区别于金属导体，电解质溶液的导电能力用电导（电阻的倒数）或电导率（电阻率的倒数）来表示。当两个互相绝缘的电极组成电导池时，若在其中间放置待测溶液，并通以恒压交变电流，就形成了电流回路。如果将电压大小和电极尺寸固定，则回路电流与电导率就存在一定的函数关系。

二、惠斯通电桥的测量原理

惠斯通电桥（Wheatstone bridge，又称单臂电桥）是一种可以精确测量电阻的仪器。图 2-7 所示是一个通用的惠斯通电桥。电阻 R_1、R_2、R_3、R_x 叫做电桥的四个臂，V_G 为检流计，用以检查它所在的支路有无电流。当 V_G 无电流通过时，电桥达到平衡。平衡时，四个臂的阻值满足一个简单的关系，利用这一关系就可测量电阻。

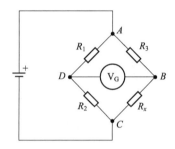

图 2-7　通用的惠斯通电桥

在电桥中有三个电阻阻值是固定的，分别为 R_1、R_2、R_3，第四个电阻是可变的，为 R_x，R_x 发生变化时，图中 B、D 两点之间的电压发生变化，通过采集电压的变化就可以知道环境中物理量的变化，而从实现测量的目的。下面介绍电桥电路的相关计算和应用。

1. 电桥相关计算

假设流过 R_1、R_2 桥臂的电流为 I_1，流过 R_3、R_x 桥臂的电流为 I_2，电桥供电电压为 V_{CC}，如下图 2-8 所示。

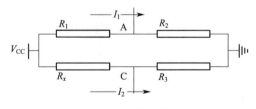

图 2-8　电桥示意图

通过欧姆定律可以计算出每个电阻两端的电压。在 R_1 和 R_2 这两个桥臂上，R_1、R_2 将 V_{CC} 电压分压，R_2 电阻两端得到的电压即为 V_1；在 R_3 和 R_x 这个桥臂上，R_3、R_x 将 V_{CC} 电压分压，R_3 电阻两端得到的电压即为 V_2。下面分别用欧姆定律计算 V_1 和 V_2。

流过电阻 R_1 和 R_2 的电流 I_1：

$$I_1 = \frac{V_{CC}}{R_1 + R_2}$$

R_2 两端的电压 V_1：

$$V_1 = I_1 \times R_2 = V_{CC} \times \frac{R_2}{R_1 + R_2}$$

流过电阻 R_3 和 R_x 的电流 I_2：

$$I_2 = \frac{V_{CC}}{R_3 + R_x}$$

R_3 两端的电压：

$$V_2 = I_2 \times R_3 = V_{CC} \times \frac{R_3}{R_3 + R_x}$$

V_1 和 V_2 的电压差：

$$\Delta V = V_1 - V_2 = V_{CC} \times \left(\frac{R_2}{R_1 + R_2} - \frac{R_3}{R_3 + R_x} \right) = V_{CC} \times \left(\frac{R_2 \cdot R_x - R_3 \cdot R_1}{(R_1 + R_2)(R_3 + R_x)} \right)$$

由此可以看出：如果 4 个电阻都相等，即 $R_1 = R_2 = R_3 = R_x$，那么 $\Delta V = 0$，即电桥处于平衡状态；R_x 发生变化会导致 ΔV 发生变化。

2. 电桥的应用

在实际使用中，通常将其中三个电阻值固定，而将另外一个电阻换成热敏电阻、压敏电阻、PT100 铂热电阻等，这时候就可以用电桥来测物理量了。如果将 PT100 接入电桥，随着环境温度的变化，PT100 的阻值发生变化导致 ΔV 发生变化，将差分电压 ΔV 通过差分运算放大后进入单片机的 AD 采样，再对照 PT100 的电阻-温度对应表就可以知道当前环境的温度。

三、电导率传感器的使用方法及特点

1. 电导率传感器的使用方法

① 电导率传感器在使用时要让被测物体与传感器充分接触。

② 电导率电极与传感器连接时将 BNC 接口的缺口与传感器的接口的凸出端对准拧紧即可。

③ 使用前后，注意要用蒸馏水冲洗两极，并用滤纸吸干。

2. 电导率传感器的特点

① 测试准确。

② 电极常数经过严格标定。

③ 耐高温、高压。

④ 制作材料特殊，不易被污染。

⑤ 一体式构造，坚固耐用。

⑥ 多种安装方式，如浸入式、管路式、流通槽式等。

⑦ 高温蒸汽消毒（140℃）。

缺点：由于电解质溶液中的离子均参与导电，故电导率传感器特异性不高，这从一定程度上限制了它更广泛的使用。

四、电导率传感器的分类和应用

电导率传感器根据测量原理与方法的不同可以分为电极型电导率传感器、电感型电导率传感器以及超声波电导率传感器。

电极型电导率传感器根据电解导电原理采用电阻测量法，对电导率实现测量，其电导测量电极在测量过程中表现为一个复杂的电化学系统；电感型电导率传感器依据电磁感应原理实现对液体电导率的测量；超声波电导率传感器根据超声波在液体中的变化对电导率进行测量。其中前两种传感器应用最为广泛，本文仅对前两种电导率传感器进行叙述。

1. 电极型电导率传感器

（1）两电极型电导率传感器技术现状与特点　两电极型电导率传感器电导池由一对电极组成，在电极上施加一恒定的电压，电导池中液体电阻的变化导致测量电极的电流发生变化，并符合欧姆定律，用电导率代替电阻率，用电导代替金属中的电阻，即用电导率和电导来表示液体的导电能力，从而实现液体电导率的测量。目前，两电极型电导率传感器测量范围为 $0\sim20000\mu S\cdot cm^{-1}$，并且不同的电极常数具有不同的量程：电极常数为 $0.01cm^{-1}$，测量范围为 $0\sim20\mu S\cdot cm^{-1}$；电极常数为 $0.1cm^{-1}$，测量范围为 $0.1\sim200\mu S\cdot cm^{-1}$；电极常数为 $1.0cm^{-1}$，测量范围为 $10\sim20000\mu S\cdot cm^{-1}$。

传统电极型电导率传感器电极是由一对平板电极组成，电极的正对面积与距离决定了电极常数。这种电极结构简单，制作工艺简单，但这种电极存在电力线边缘效应以及电极正对面积、电极间距难以确定等问题，电极常数不能通过尺寸测量计算得出，需要通过标准进行标定，最常用的一种标准溶液是 $0.01mol\cdot L^{-1}$ 氯化钾标准溶液。结合电导池原理对平板电极进行改进，开发出了圆柱形电极、点电极、线电极、复合电极等。

电极型电导率传感器具有以下特点：

① 结构简单、制造方便；

② 后续处理电路简单、容易实现；

③ 测量精度高；

④ 使用方便。

(2) 四电极电导率传感器技术现状与特点 四电极电导池由两个电流电极和两个电压电极组成。电压电极和电流电极同轴，测量时被测液体在两个电流电极间的缝隙中通过。电流电极两端施加了一个交流信号并通过电流，在液体介质里建立起电场。两个电压电极感应产生电压，使两个电压电极两端的电压保持恒定，通过两个电流电极间的电流和液体电导率呈线性关系。为了满足海洋研究开发的需要，中国国家海洋技术中心李建国对开放式四电极电导率传感器展开了研究与开发，成功研制了用于海水电导率测量的四电极电导率传感器，其性能指标达到了国际先进水平：测量范围为 $0 \sim 65 \mathrm{mS \cdot cm^{-1}}$；测量精度为 $\pm 0.007 \mathrm{mS \cdot cm^{-1}}$。目前成熟的四电极电导率传感器的测量范围为 $0 \sim 2 \mathrm{S \cdot cm^{-1}}$，并且电极常数不同测量范围不同。四电极电导率传感器具有以下特点：

① 电流电极同电压电极分开，电流电极上采用恒流源供电，有效地避免了极化阻抗的影响；

② 灵敏度高、抗污染能力强；

③ 四电极电导池具有超微结构，导流空间大、距离短，适于长期现场测量。

(3) 电极型电导率传感器的应用 电极型电导率传感器被广泛应用在生产、生活中：

① 人类饮用水水质的监测；

② 工业用水水质监测；

③ 蓄电池电解液密度的监测；

④ 电解制氧、制氢装置中水质的监测；

⑤ 海洋测量、海洋资源调查、海洋环境监测。

(4) 电极型电导率传感器关键技术 在于消除电极极化效应、电容效应以及设计多电极电导池。

① 电极极化效应的消除。为降低电极极化带来的测量偏差，通常采取提高供电电源的频率、电极极板涂铂黑、加大极板面积等方法。

② 电容效应的消除。为了消除电容效应，提高测量灵敏度，通常采取两种方法：一是加大液体电阻，这种方法不容易实现；二是提高频率，降低电容容抗。但频率的提高会受到一定的限制，一般是高阻时采用低频，低阻采用高频。

③ 多电极电导池设计。制作多电极电导池要求每对电极保持严格对称，并相

对其他电极的距离固定，这对电极基座的加工提出了很高的要求。电极基座多采用高性能陶瓷材料制作，电极材料多采用高性能金属材料，二者膨胀系数存在较大差异，造成电极的烧结、封装困难。通常采用中间温度系数的过渡材料进行烧结、封装，但效果不是十分理想。

(5) 电极型电导率传感器未来发展趋势　主要有以下几个方面。

① 多电极与微电极成为电极型电导率传感器发展方向之一。两电极型电导率传感器由于存在电极极化，其测量范围、测量精度受到极大的限制，多电极体系电导率传感器在测量范围、测量精度方面均取得了突破。经过多年的研究开发，目前，四电极结构的电导率传感器已经研制成功，并成功商业化。中国国家海洋技术中心已经开展了七电极电导率传感器的研究与开发，并已经在电极结构设计、烧结、封装等方面取得了一定的成就。

② 电导率传感器与单片机技术、微系统技术结合，实现电导测量的自动化，使电导测量的适应性和测量精度均得到提高。

③ 优化激励信号的形式使测量数据精度更高、采用速度更快。

④ 在电极数目增加受到限制的情况下，优化激励顺序，针对同一个电导率分布尽可能得到更多的独立测量数据。

(6) 电极材料发展　由于电导率传感器电导电极具有一定的特殊性，因此对用于制作电极的材料有一定的要求：

① 良好的导电性能。

② 由于电极与被测介质之间发生化学或电化学反应会腐蚀电极表面，因此要求电极有稳定的化学特性。

常用的电极材料有铂、不锈钢、铜、银等。铂是一种极好的电极材料，但价格较高。在实际应用中，一般采用不锈钢和金属铜做电极材料。随着材料科学的发展与进步，一些新型的材料被用来加工电导率传感器电极，如导电陶瓷、钛合金等，取得了较好的效果。

2. 电感型电导率传感器

(1) 电感型电导率传感器技术现状与特点　电感型电导率传感器采用电磁感应原理对电导率进行测量。液体的电导率在一定范围内与感应电压/激磁电压成正比。激磁电压保持不变，电导率与感应电压成正比。电感型电导率传感器检测器不直接与被测液体接触，因此不存在电极极化与电极被污染的问题。电感型电导率传感器的原理决定了这类传感器仅适用于测量具有高电导率的液体，测量范围为 $1000 \sim 2000000 \mu S \cdot cm^{-1}$。电感型电导率传感器具有以下特点：极强的抗污染能力与耐腐蚀性；不存在电极极化、电容效应，可以用于高电导率液体测量；结构简单，使用方便；制作工艺简单。

(2) 电感型电导率传感器的应用 电感型电导率传感器多用于高电导率液体的测量与检测：海洋开发与研究，对海水的盐度进行测量分析（深海温盐深剖面自记仪）；生活废水、工业废水水质的检测；化工生产过程中单一组分溶液浓度的监测分析；用于强酸、强碱浓度的测量。

(3) 电感型电导率传感器关键技术 主要有如下几方面。

① 传感器检测器制作封装激磁线圈与感应线圈需要严格在同一轴线，为了提高测量精度，线匝需要紧密排列，并且线匝之间需要具有良好的屏蔽，降低干扰性耦合的产生。

② 激励电压、频率激励电压、频率决定了电感型电导率传感器的灵敏度与线性度，在传感器结构确定的基础上，通过试验确定激励电压、频率等参数，使传感器获得最佳的灵敏度与线性度。

③ 检测器微型化。电感型电导率传感器检测器由线圈构成，检测器微型化就是将线圈直径减小、匝数减少，但线圈直径过小、匝数过少将会影响传感器测量的灵敏度以及测量范围。

(4) 电感型电导率传感器未来发展趋势 主要有以下几个方面。

① 传感器微型化成为电感型电导率传感器发展方向之一。材料加工制备技术的发展使得检测器有可能实现微型化，从而使传感器实现微型化。

② 电感型电导率传感器与单片机、微系统技术结合，实现电导率测量的自动化。通过采用这些技术实现激励信号可调控性，从而使测量精度、线性度得到提高。

③ 电导式多极阵列测量技术是近年来发展起来的一种以两相流或多相流为主要对象的在线实时检测方法。它能进行两相流相含率和流体流动速度的测量，并可经过进一步处理提取若干被测两相流体的特征参数。

随着电导率测量技术的发展，电导率传感器已由最初的两电极型、电感型电导率传感器发展到多电极、微电极电导率传感器，可以看出多电极、微电极、微结构已经成为电导率传感器发展方向，并与单片机、微系统等技术相结合，实现电导率测量的自动化、精密化。

第三章

常用电化学传感器工作原理

电化学传感器是对化学物质敏感并能将其转换为电学信号的器件。它在生物医学测量中是一类最常用的测量装置。医用电极作为生物电势测量和对生物体施加电刺激的元件，是测量系统与生物体进行耦合的重要器件。

电化学传感器（chemical sensor）具有结构简单、取样少、测定速度快、灵敏度高等特点，特别是随着半导体集成技术的发展，传感器得以微型化，小到可以插入细胞内进行测量，还可以与计算机相结合，实现传感器的智能化。另外化学传感器还是酶、免疫、微生物传感器的信号转换器的重要部分，因此在医用传感器中占有十分重要的地位。

第一节　电化学测量基础

一、电化学基本概念

1. 电离常数

将电解质溶于水中所构成的溶液称为电解质溶液。酸、碱、盐是电解质，在水溶液中电离成正、负离子，构成离子导体。电解质有强弱之分，可用电离常数 K 表示。

强电解质在水溶液中全部电离成正、负离子，而弱电解质在水溶液中只有部分分子电离，未电离的分子与电离生成的离子之间存在着动态平衡。设 [AB] 表示平衡时未电离的分子浓度，[A^-] 和 [B^+] 表示平衡时 A^- 和 B^+ 的浓度，根据质量作用定律可得到电离常数 K：

$$K = \frac{[\text{A}^-][\text{B}^+]}{[\text{AB}]}$$

上式表明，K 值越大，达到平衡时离子浓度越大，电离能力越强。

2. 活度和活度系数

在电解质溶液中，由于离子间及离子与溶剂分子间的相互作用，限制了彼此的活动，使真正能够表现出离子性质和行为的离子数目少于理论计算值，溶液浓度不能真正代表有效浓度。因此人们把溶液中能够表现出离子性质和行为并能发挥作用的那部分离子浓度称为有效浓度，通常用活度 a 表示。活度 a 与浓度 c 的比值为离子的活度系数，用 γ 表示。即

$$a = \gamma c$$

γ 表示电解质溶液的浓度与有效浓度的偏差程度，即表示浓度有百分之几是有效的。通常 $\gamma < 1$，当溶液无限稀释时 $\gamma \to 1$。

单种离子的活度系数并不是严格的热力学概念。对电解质而言，正、负离子总是同时存在，因此无法测定某一种离子的活度系数，故一般以电解质两种离子（阳离子和阴离子）的平均活度 $a_\pm$ 和平均活度系数 $\gamma_\pm$ 来表示电解质或它的任一离子的活度和活度系数。$\gamma_\pm$ 可由实验确定，因此对已知浓度的电解质溶液可求出平均活度 $a_\pm$。

$$a_\pm = \gamma_\pm c$$

$\gamma_\pm$ 除可由实验确定外，也可用经验公式求出，此即德拜-休克尔（Debye-Hückel）公式。当浓度小于 $0.05\text{mol} \cdot \text{L}^{-1}$ 时

$$\lg \gamma_\pm = A / Z_+ \cdot Z_- |\sqrt{I}$$

式中，Z_+、Z_- 为正负离子所带电荷数；A 为与温度和溶剂介电常数有关的系数（25℃水溶液，$A = 0.509$）；I 为离子强度，表示溶液中离子所产生电场强度的量度。

$$I = \frac{1}{2} \sum C_i Z_i^2$$

式中，C_i 和 Z_i 分别为第 i 种离子的浓度和电荷数。

在离子选择性电极的使用中，有时需加入离子强度调节剂，其目的之一就是固定试液的离子强度，使活度系数保持为恒值。

二、电极电势与电池电动势

1. 电极电势的产生及确定

当金属浸于含有该离子的溶液中时，在金属与溶液的界面上发生化学反应而产生电极电势。以锌电极为例来说明，当锌板插入 Zn^{2+} 溶液（ZnSO_4）中时，锌

板上的 Zn^{2+} 的化学势 $\mu_{Zn^{2+}}$（s）大于溶液中 Zn^{2+} 的化学势 $\mu_{Zn^{2+}}$（l）。锌板上的 Zn^{2+} 进入溶液中，同时在锌板上留下两个电子，使锌板带负电，溶液带正电。随着反应的发生，$\mu_{Zn^{2+}}$（s）变小，$\mu_{Zn^{2+}}$（l）变大，当达到平衡时在两相的界面上形成一个双电层，产生电势差，见图 3-1。该电势差称为电极电势（热力学电势），其大小和符号取决于电极的种类和溶液中金属离子的浓度。

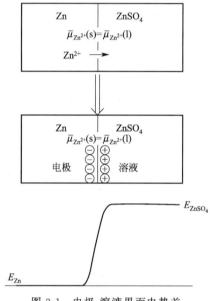

图 3-1 电极-溶液界面电势差

电极和溶液间的电势差（电极电势）用单个电极无法测量，而两个电极之间的电势差是可以测量的，若其中一个电极的电极电势为零，则另一个电极的电极电势便可确定。

国际上规定标准氢电极的电极电势为零。因此电极电势都是相对于标准氢电极来确定的。将被测电极与标准氢电极组成电池测定其电动势，该电动势就等于被测电极电势。25℃时，相对标准氢电极测量得到的电势差为该电极的标准电极电势，通常用 $E^{\ominus}$ 表示。实际应用时，往往不是标准状态，电极电势将偏离标准电极电势，因此需用能斯特方程确定电极电势。电极电势的大小与温度、电极材料以及参与电极反应物质的活度有关。

设电极/溶液界面发生下列电极反应：

$$a\mathrm{A} + b\mathrm{B} + ne^{-} \rightleftharpoons g\mathrm{G} + h\mathrm{H}$$

式中，A、B 为电极的反应物；n 为电子转移数；G、H 为电极反应的生成物；a，b，g，h 为常数。当 $T = 298\mathrm{K}(25℃)$ 时，用能斯特方程表达的电极电势为：

$$E = E^{\ominus} \frac{0.059}{n} \lg \frac{a_A^a a_B^b}{a_G^g a_H^h}$$

式中，$E^{\ominus}$ 为标准电极电势，V；a_A、a_B、a_G、a_H 分别为 A、B、G、H 的活度。

使用能斯特方程确定电极电势时要注意：电极反应要写成还原式；反应物写在分子上，生成物写在分母上，系数写成次方；对纯固体，纯液体其活度为 1；对气体用分压代替活度。

2. 电化学电池及电池电动势

电化学电池是通过电极上自发产生的氧化还原反应把化学能转换为电能的装置。在一个容器中间放一块隔膜，一边放入 $ZnSO_4$ 溶液，一边放入 $CuSO_4$ 溶液，然后在含 Zn^{2+} 的溶液中插入锌板，在含 Cu^{2+} 溶液中插入铜板。在未接通电池外部导线时，在两个电极界面上分别存在下列平衡：

Zn 电极上 　　　　　　　　 $Zn^{2+} + 2e^- \longrightarrow Zn$

Cu 电极上 　　　　　　　　 $Cu^{2+} + 2e^- \longrightarrow Cu$

在接通外部导线时，由于 Cu^{2+} 较 Zn^{2+} 还原能力强，所以在 Cu 电极上发生还原反应：

$$Cu^{2+} + 2e^- \longrightarrow Cu(正极)$$

在 Zn 电极上发生氧化反应：

$$Zn \longrightarrow Zn^{2+} + 2e^- （负极）$$

因此，在外部导线上电子由 Zn 极流向 Cu 极。在电池里，SO_4^{2-} 由铜极半池流向锌极半池，电极反应生成的 Zn^{2+} 由 Zn 极半池流向 Cu 极半池，构成整个电池的电学回路，最终导致 Cu 板为正极，Zn 板为负极。整个电池反应为：

$$Zn + Cu^{2+} \longrightarrow Zn^{2+} + Cu$$

可见，产生电池电动势的原因是电极上的氧化还原反应，电极通过氧化还原反应将化学能转换为电能，因此说电极就是一个换能器。

电池结构的表示方法为

$$(-)Zn | ZnSO_4(a_1) \| CuSO_4(a_2) | Cu(+)$$

符号"$|$"表示两相界面，"$\|$"表示盐桥。

电池电动势等于正极的电极电势与负极的电极电势之差，即：

$$E = E^+ - E^-$$

三、液接电势和盐桥

液接电势指两种液相交界上产生的电势差。产生的原因是两种电解质或相同电解质而不同浓度的溶液界面上，由于离子浓度梯度的不同以及迁移速率的不同，产生电荷分离而形成的电势差。

在电池电动势的测量中，液接电势的存在会引起测量结果产生误差。影响液接电势的主要因素有 pH、离子强度、温度、电解质扩散、搅动等。实验证明：液接电势的数值为 $30\sim40mV$。实际中为减小或消除液接电势，通常在两溶液间加入盐桥。

盐桥是将强电解质（如 KCl、KNO_3 等）溶液充装在含有凝胶状树脂的 U 形玻璃管内。盐桥溶液要求正、负离子的迁移速率大致相等，电解质浓度要高，不与电池溶液中的成分产生反应。盐桥一般采用饱和电解质溶液。

当盐桥置于两溶液间时，由于盐桥中电解质浓度很高，它向两种溶液中的扩散起主导作用，若其中的电解质阴、阳离子的浓度（为电势梯度 $1V \cdot cm^{-1}$，温度 $25℃$ 下水溶液中离子运动的速度）相近，扩散产生的液界电势很小，一般不超过几毫伏。一些电极本身自带盐桥。

四、电极种类

电极是化学传感器最重要的敏感元件，根据其在化学传感器中所起的作用不同，可分为四类。

1. 参比电极

在测量电极电势时，用作基准电势的电极称为参比电极（reference electrode）。常用的参比电极有：标准氢电极、甘汞电极、银/氯化银电极，如图 3-2。

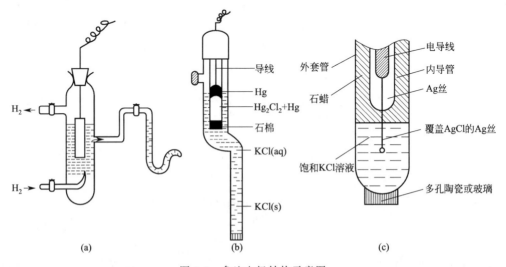

图 3-2　参比电极结构示意图

(a) 标准氢电极；(b) 甘汞电极；(c) 银/氯化银电极

(1) 标准氢电极（standard hydrogen electrode，SHE）　是国际标准（一级标准）电极。它常采用铂黑（镀铂黑的目的是增大氢气吸附面积）电极且多用 H_2 源。因其使用麻烦，故实际当中常采用二级标准电极（甘汞电极和银/氯化银电极）作为间接比较标准。

(2) 甘汞电极（calomel electrode）　由 Hg 和 Hg_2Cl_2 的糊状物浸入含有 Cl^- 的溶液中，插入 Pt 导线构成。当温度不变且浓度固定时，甘汞电极电势不变，可用其作为参比电极。溶液浓度不同，甘汞电极电势就不同。一般多使用饱和甘汞电极。

(3) 银/氯化银电极（Ag/AgCl electrode）　是一种性能较好的参比电极。它结构简单，只需在银丝（或银薄膜）上镀一薄层氯化银，并浸入一定浓度的 KCl 溶液中，便制成银/氯化银电极。

银/氯化银电极可作为无液接电势的参比电极使用。为准确起见，电极常带有自身盐桥，当被测溶液中含有能与其反应的成分时可使用双盐桥电极。

银/氯化银电极是除氢电极外，稳定性、重复性较好的电极，且具有制备容易、使用方便、性能可靠的特点。广泛地用于各种离子选择电极中作内参比电极；作为检测电极用于生物电检测（如心电、脑电测量）。银/氯化银电极还可作为微电极用于细胞电势测定。但用于生物组织时，某些反应可使氯化层消耗，使电极性能变坏，同时对生物体也有一定的毒化作用。

2. 指示电极

根据电极电势的大小指示出物质浓度的电极称为指示电极（indicating electrode）。指示电极用于测定过程中主体浓度不发生变化的系统（化学电池）。属于此类电极的有离子选择性电极和一些用金属或非金属构成的电极，如 Au、Cu、Pt、石墨电极等。

通常，指示电极与参比电极构成电势型测量系统，通过测定电池电动势可得到被测离子的浓度。

3. 工作电极和辅助电极

有些物质的测定，须在电极上施加一定的电压使其电解，然后根据其电解电流的大小测定物质含量，这样的电极**称为工作电极**（working electrode）。工作电极用于**测定过程中主体浓度发生变化的系统**，其中另一个电极为测定电流构成回路，**称为辅助电极（auxiliary electrode）**或对电极（counter electrode）。

对电解池，有时需要知道或控制工作电极的电势大小，就需在电解池中插入一支参比电极，此时系统含有三个电极：工作电极、辅助电极和参比电极。传感器的这种构成方式称为三电极系统。而参比电极同时承担辅助电极作用的构成方式称为二电极系统。见图 3-3。

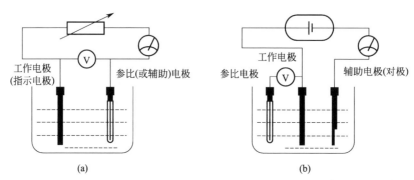

图 3-3　电化学测量系统的构成

（a）二电极系统；（b）三电极系统

第二节　离子传感器

在大部分生物化学过程中离子起着极其重要的作用。测定人体内各种必需和非必需离子的含量对疾病的诊断、预防及发病机理的研究具有十分重要的意义。下面分别介绍几种在生物医学中应用较广泛的离子传感器。

一、离子选择性电极

离子选择性电极（ion selective electrode ISE）是一种用特殊敏感薄膜制作的，对溶液中特定离子具有选择性响应的电极。pH 玻璃电极是离子选择性电极的典型代表，它对 H^+ 具有选择性响应。

离子选择性电极是一类电化学传感器，它的电极电势与特定离子的活度的对数呈线性关系。可作为指示电极测定溶液中离子的活度。

ISE 由于结构简单、测定快速、灵敏度高、重复性好，因而应用十分广泛。

1. ISE 理论和特性

（1）ISE 理论　离子选择性电极通常由电极管、内参比电极、内参比溶液与离子敏感膜组成。其中离子敏感膜是电极的关键。

按照敏感膜的不同，ISE 可分为晶体膜电极和非晶体膜电极两大类。其中晶体膜电极又有单晶膜电极、多晶膜电极和非均相膜电极（沉淀膜电极）；非晶体膜电极又分为刚性基质电极（玻璃电极）、液膜电极和离子选择性微电极。

因为敏感膜位于被测溶液和参比溶液之间，所以在两个相界面上进行离子交换和扩散作用，达到平衡时便产生恒定的相界电势，而膜内和膜外两个相界电势之差就是膜电势。膜电势的大小与膜内外的离子活度有关。

设敏感膜对某种阳离子 M^{2+} 有选择性响应，见图 3-4。

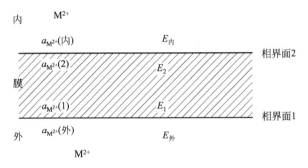

图 3-4　平衡时敏感膜相界电势和离子浓度分布

当相界面上交换和扩散达到平衡时，膜电势等于两个相界电势的差值，一般情况下，膜内溶液的离子活度已知，即：

$$E_{ISE} = E_膜 - E_{内参} = 常数 \pm \frac{RT}{2F} \lg a_{M^{2+}}$$

当膜对阳、阴离子有选择性响应时，膜电势可有加减号。其中 a^{2+}、a^{2-} 为被测离子的活度。

离子选择性电极作为指示电极，测定离子浓度时要与外参比电极组成电池，测出电池电动势就可确定被测溶液的离子活度。

（2）ISE 特性

① 检测限（detection limit）：指 ISE 所能检测离子的最低浓度。ISE 的电极电势与被测溶液中离子活度的对数成正比，但实验得到的曲线只在一定范围内呈线性，见图 3-5。

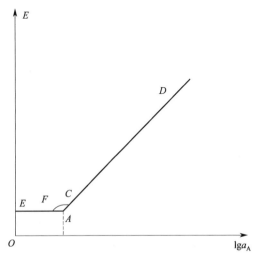

图 3-5　电极校准虚线与检测限的确定

由图可见，电极电势在一定活度范围内（CD 段）与被测离子活度的对数成正比，当被测离子活度逐渐减小时，曲线逐渐弯曲成 EF 段，说明离子选择电极存在检测限。检测限可以确定为 CD 与 EF 延长线相交点对应的离子活度 a_A。

② 电势选择系数（potentiometric selectivity coefficient）：离子选择性电极（一种敏感膜）可以对不同离子有不同程度的响应，因此存在干扰问题。电极对各种离子的选择性可用电势选择系数 $K_{A,X}^{POT}$ 表示，其中 A 表示被测离子，X 表示干扰离子。

③ 阻抗特性（impedance characteristic）：离子选择电极的阻抗与电极材料有关。ISE 阻抗为 $10^4 \sim 10^8 \Omega$，玻璃电极阻抗通常为 $10^8 \Omega$ 以上；晶体膜电极阻抗为 $k\Omega \sim M\Omega$ 量级；液膜电极为 $n \times 10^6 \sim n \times 10^8 \Omega$。电极阻抗的大小决定测定电势时选用放大器的输入阻抗。测量电路的输入阻抗通常为 $10^{11} \sim 10^{12} \Omega$ 以上。

④ 响应时间（response times）：指电极达到平衡电势时所需要的时间。它与电极的种类及被测溶液的浓度大小和实验条件有关。国际上规定，响应时间指电极电势到达离最终平衡电势 1mV 时所需要的时间。它与被测离子浓度、溶液搅拌速度、敏感膜的组成及性质、膜的厚度及膜的光洁度以及参比电极稳定性、液接电势稳定性等多种因素有关，此外还与是否存在干扰离子有关。

⑤ 电极寿命（electrode life）：指电极保持能斯特响应的时间，主要取决于膜的结构与性质。当实测电势与理论电势之比小于 0.9 时，电极不宜再使用。固态膜寿命较长，可达一年至数年。液膜电极寿命较短，一般为半年，有的只有数十天。

2. 晶体膜电极

晶体膜电极（crystal membrane electrode）的敏感膜是由难溶盐经加压或拉制成单晶、多晶或混晶的活性膜。**其响应机理为晶格空穴引起的离子传导。晶体膜的特异性源于一定的膜空穴只能容纳某种可移动的离子，其他离子则不能进入。**测定时产生的干扰来自晶体表面的化学反应。

晶体膜电极按敏感膜不同可分为**均相膜电极（单晶膜电极、多晶膜电极）**和**非均相膜电极**（沉淀膜电极）。晶体膜电极的结构见图 3-6。

(1) 单晶膜电极（mono crystal membrane electrode） 敏感膜由难溶盐单晶制成，由于单晶对通过晶格导电的离子有严格限制，因此这种电极有非常高的选择性。目前这类电极只有单晶 LaF_3 氟电极。

该电极将经高压压制而成的单晶膜表面抛光后（厚为 $1 \sim 2mm$）粘在玻璃管或塑料管上，管内放入内参比溶液（饱和 AgCl、NaCl 和 NaF 溶液）和内参比电极（Ag/AgCl 电极）构成，见图 3-6(a)。

(2) 多晶膜电极（multicrystal membrane electrode） 将难溶盐的沉淀粉末在高压下压成 $1 \sim 2mm$ 厚的致密薄片，经抛光后粘接在玻璃或塑料管上，管内放入

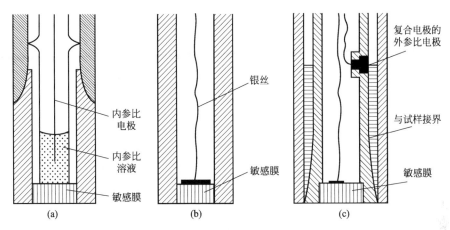

图 3-6　晶体膜电极的结构

（a）一般结构；（b）全固态电极；（c）复合电极

内参比溶液和内参比电极便构成多晶膜电极。如由 $AgCl$、$AgBr$、AgI、Ag_2S 粉末压成相应的敏感膜制成电极。

目前，商品化电极有的没有内参比电极和内参比溶液，而采用在膜上加银粉压制成型再在 Ag 膜上焊接引线的固体连接方式，如图 3-6（b）所示。

图 3-6（c）为复合电极，它与外参比电极结合在一起构成一个测量电池，结构紧凑，可做成微电极，适合于少量试液和生物体内测量。

（3）沉淀膜电极（precipitate membrane electrode）　即非均相膜电极。其敏感膜是由电活性物质（难溶盐）和惰性黏合材料（硅橡胶、聚乙烯、聚氯乙烯）混合组成。它可以改善晶体的导电性并赋予电极很好的机械性能，使膜具有弹性，不易破裂或擦伤。

非均相膜电极是由电活性物质以极细的粉末均匀分布在惰性材料中，经加热、加压制成厚度为 0.5～1.5mm 的膜，切成圆片粘接在电极管上制成。非均相膜电极在第一次使用时需预先浸泡，以防止电势漂移，但浸泡过度也会出现漂移。

已制成的有用于测定氟、银、硫、卤素、铅、铜、钙等离子的电极。这类电极机械性能和绝缘性能好、适用范围广，但内阻高、响应速度慢，响应时间需要 15～60s，且不宜测量有机溶液。

3. 非晶体膜电极

（1）刚性基质电极（玻璃电极）　是一种固态膜电极。它由离子交换型的刚性基底薄膜玻璃熔融烧制而成，膜电势通过在膜相与试液相界面上的离子交换产生。不同的玻璃膜对应不同的离子敏感膜（电极），如 H^+、Na^+、K^+、Li^+ 等。

pH 玻璃电极是球形玻璃膜电极，见图 3-7。内参比电极为 $Ag/AgCl$ 电极，内

参比溶液常用 $0.1\text{mol} \cdot \text{L}^{-1}$ 的 HCl 溶液。

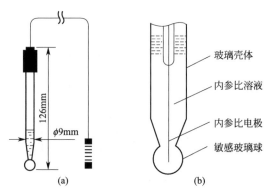

图 3-7　pH 玻璃电极

(a) 电极整体；(b) 电极端部

(2) 液膜电极（liquid membrane electrode）：不同于固态膜电极，敏感膜为液态。构成液态膜的活性物质有两类，一类是带有活性基团的离子交换剂（ion exchanger）；另一类是电中性络合剂［中性载体（neutral carrier）］。对应两种不同类型的液膜电极。

离子交换液膜电极结构见图 3-8(a)。电极具有双层腔体，中间圆形内腔装内参比溶液、环形外腔装有液体离子交换剂。内参比电极一般为 Ag/AgCl 电极。内参比溶液视被测离子种类而定，阳离子用含被测离子的氯化物制成，阴离子用含被测离子的钾盐或 KCl。多孔惰性物质（多孔玻璃、多孔石墨、陶瓷或高分子聚合物，内有均匀分布的小孔直径约 $100\mu\text{m}$，离子交换剂与其接触便渗入孔隙中形成液态敏感膜）压制成薄片固定在底部作为支撑。

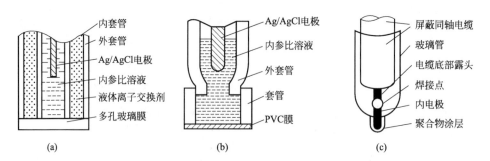

图 3-8　几种液膜电极的结构示意图

(a) 一般结构；(b) PVC 膜电极；(c) 涂丝电极

图 3-8(b) 为聚氯乙烯（PVC）膜电极，该电极将离子交换剂固定在聚氯乙烯高聚物中并制成薄膜片，不需另加液体离子交换剂，免去了繁琐的液膜溶液补充

和调换手续，使用更方便。涂丝电极见图 3-8(c)，由 PVC 膜直接沉积在金属丝（一般为铂丝）上构成，它去掉了内充溶液。制作简单，便于微型化，适于制作微型传感器。

离子交换剂液膜电极常用于检测 Ca^{2+}、Mg^{2+}、Cl^-、K^+ 等离子。由于敏感膜不含水化层，故使用前不需浸泡，可干放保存，其响应速度较快，响应时间在 10s 以内。

二、离子敏感场效应晶体管

离子敏感场效应晶体管（ion sensitive field effect transistor，ISFET）是一种测量溶液中离子活度的微型固态电化学敏感器件。ISFET 将离子选择性敏感膜与场效应晶体管相结合，将离子活度的化学信息转化为电流或电压的变化。

ISFET 具有输入阻抗高，输出阻抗低，信噪比高，响应时间快，易于集成化、微型化等优点，非常适用于医学检测。

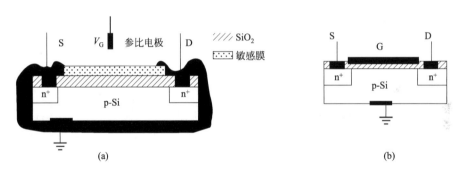

图 3-9 ISFET 型传感器基本结构

(a) ISFET 结构；(b) 常规 FET 结构

1. 结构与工作原理

ISFET 的结构 [图 3-9(a)] 与常规场效应晶体管（FET）基本相同，ISFET 的敏感区由敏感膜/绝缘层/半导体组成，它是在常规 FET 的栅极 G [图 3-9(b)] 基础上改造而成的。该敏感区域构成的相界电势如下：

参比电极|被测溶液|离子敏感膜

E_{ref} E_{l-f}

其中，E_{ref} 为参比电极电势；E_{l-f} 为被测溶液与离子敏感膜的相界电势，它与被测溶液中离子活度 a 的关系符合能斯特方程：

$$E = E^{\ominus} \frac{RT}{2F} \ln a$$

因此，敏感区域产生的电动势 E 为：

$$E = E_{l\text{-}f} - E_{ref}$$

$$I_{DS} = K(V_G - V_T)V_{DS}$$

式中，K 为 ISFET 的固有常数，与制备工艺、材料等有关；I_{DS} 为电极 D-S 间的工作电流，A；V_G 为加栅电压，V；V_{DS} 为电极 D-S 间工作电压，V；V_T 为 FET 的阈值电压。ISFET 的电流-电压特性与被测离子活度之间存在定量关系，因此可以利用 ISFET 实现对离子活度的测量。

2. ISFET 测量电路

ISFET 的基本测量电路原理如图 3-10 所示。根据对其中三个变量 I_{DS}、V_{DS} 和 V_G 的控制方式，可具体分为三种。

(1) 电流法　当 V_{DS} 和 V_G 不变时，若被测离子活度变化，I_{DS} 也随之变化，通过测量 I_{DS} 即可得到被测离子活度。电流法测量电路原理如图 3-11 所示。

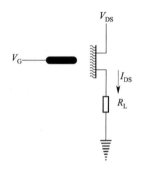

图 3-10　基本原理图

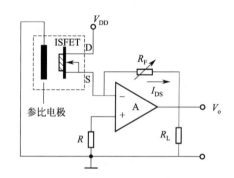

图 3-11　电流法测量电路原理图

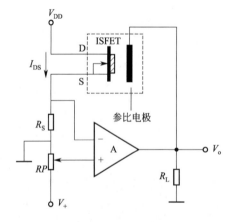

图 3-12　恒流恒压法测量电路原理图

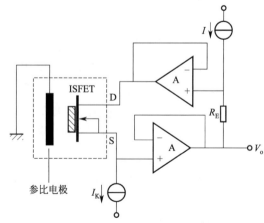

图 3-13　源极跟随法测量电路原理图

(2) 恒流恒压法　使 I_{DS} 和 V_{DS} 固定，而通过测量 V_G 的变化来反映被测溶液的离子活度，测量电路如图 3-12 所示。ISFET 置于放大器 A 的负反馈回路，当与被测溶液接触时，敏感区域产生的电势使栅极电势 V_G 变化，进入放大器的反相端，输出电压 V_o。

(3) 源极跟随法　固定 I_{DS} 和 V_G，测量 V_{DS} 的变化，测量电路如图 3-13 所示。以恒流源作为 ISFET 的电源，使 I_{DS} 恒定；参比电极接地，使 V_G 恒定。当 ISFET 与被测物质接触时，敏感区域产生的电势 E 将引起 V_{DS} 的改变，将其与跟随器（图中由两个放大器 A 构成）相连，从而得到输出电压 V_o。

第三节　气体传感器

生物医学测量中常用的气体传感器主要有电化学气体传感器、半导体气体传感器及光导纤维气体传感器。本节主要介绍前两种气体传感器。

一、电化学气体传感器

电化学气体传感器一般分为气敏电极和气体扩散电极两大类。气敏电极测量一些溶解于溶液中的气体含量（如血液中的 O_2、CO_2 含量）；气体扩散电极则能直接测量混合气体中的可燃性或可氧化性气体。电化学气体传感器结构简单、选择性好、响应迅速快，广泛应用于医疗、环境监测及工业生产等领域。

1. 气敏电极

常用的气敏电极有 O_2 电极和 CO_2 电极。

(1) O_2 电极　溶液中的氧含量或氧浓度，可用所含氧的体积表示，也可用一定容量溶液中所含氧的质量百分比表示。若一种溶液与一种含氧的气体混合物平衡，则此溶液的氧含量一般取决于氧分压的大小，故常用氧分压 p_{O_2} 表征。

在血液中，氧处于两种不同状态，正常情况下，98％的氧与红细胞中的血红蛋白相结合，称为结合氧；2％则溶于血浆中，称为溶解氧。氧含量与氧分压之间为非线性关系，当氧分压较高时，氧含量达到饱和，因此可以用血氧饱和度来反映血氧含量。血氧饱和度（S-O_2）定义为含氧血红蛋白浓度 [Hb-O_2] 与总血红蛋白浓度 [Hb-O_2＋Hb] 之比，即：

$$S\text{-}O_2 = \frac{[\text{Hb-}O_2]}{[\text{Hb-}O_2 + \text{Hb}]} \times 100\%$$

动脉血中 p_{O_2} 决定肺泡的换气效率；S-O_2 表示单位体积血液中的氧含量。

p_{O_2} 常用氧电极测量。氧电极属极谱式电流型电极。氧电极测定氧的装置如图 3-14 所示。

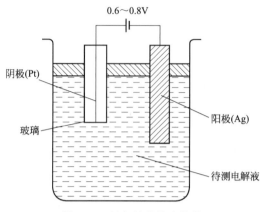

图 3-14 氧电极的基本结构

工作电极（Pt 丝）作阴极，参比电极作阳极，将它们插入试液中，并在两电极间加电解电压。当 $E=-0.2V$ 时，电极开始电解，产生（还原）电流，其还原反应式为：

$$O_2+2H_2O+4e^-\longrightarrow 4OH^-$$

当 Pt 电极电势较参比电极低 $0.6\sim0.8V$ 时，电流趋于恒定，此时的电流与溶液中氧含量（p_{O_2}）成正比，据此可测溶液中氧含量。图 3-15(a) 为典型氧电极在不同浓度下的极谱图（电流-电压曲线），图 3-15(b) 为其校准曲线。

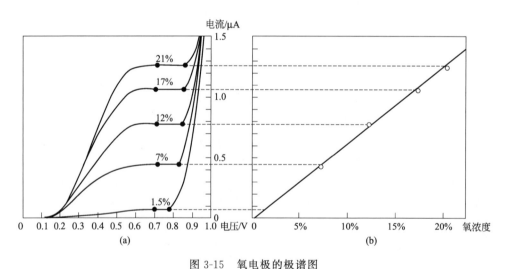

图 3-15 氧电极的极谱图

(a) 不同浓度下的极谱图；(b) 校准曲线

(2) CO_2 电极 CO_2 气敏电极的结构如图 3-16 所示。它由 pH 玻璃电极和 Ag/AgCl 参比电极组成，用透气膜（醋酸纤维素、聚乙烯、聚丙烯、聚四氟乙烯等疏水性薄膜）将中间溶液（0.01mol·L^{-1} NaHCO$_3$ 和 KCl）与被测溶液隔离开来。测定时，CO$_2$ 气敏电极与被测溶液接触，其中的 CO$_2$ 通过透气膜进入溶液，发生下列反应：

$$CO_2 + H_2O \rightleftharpoons HCO_3^- + H^+$$

导致中间溶液的酸度发生变化。达到平衡时平衡常数 K：

$$K = \frac{[HCO_3^-][H^+]}{[CO_2]} = \frac{[HCO_3^-][H^+]}{p_{CO_2}}$$

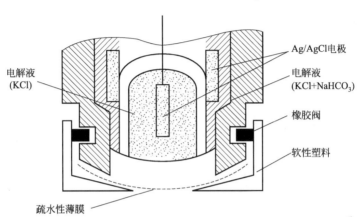

图 3-16　疏水膜复合型 CO$_2$ 气敏电极的结构

当溶液的 $[HCO_3^-]$ 恒定时，溶液中 $[H^+]$ 将由 p_{O_2} 决定。pH 玻璃电极与 Ag/AgCl 参比电极构成电池，测电池电动势可以得到 CO$_2$ 的含量。

2. 气体扩散电极

气体扩散电极是用来直接测量混合气体中被测气体含量的。气体扩散电极是使气体扩散进入含有催化剂的膜，与电解液在三相界面间进行氧化-还原反应达到测量目的。

图 3-17 是一种双电极结构的气体扩散电极。被测气体作用在透气膜上并扩散溶解在薄层电解质溶液中，在工作电极上进行氧化反应，在对电极上产生相应的还原反应。反应产生电流的大小受扩散过程控制，而扩散过程与被测气体的浓度有关。因此在电极回路上测量出极限扩散电流，就可以知道被测气体浓度的大小。

二、半导体气体传感器

半导体气体传感器，是利用半导体气敏元件同气体接触，造成半导体性质变化，借此来检测特定气体的成分或者测量其浓度的传感器的总称。

半导体气体传感器主要是利用半导体材料的物理化学特性或半导体器件的响应机制而开发出的一种气体传感器。它是随着半导体技术，特别是对半导体陶瓷

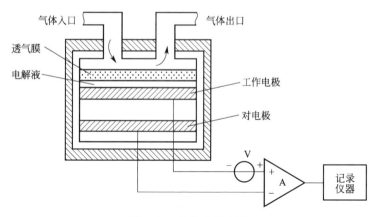

图 3-17 气体扩散电极

材料研究的不断深入，逐渐发展起来的一类新型气体传感器。由于这类气敏元件以半导体技术为基础，具有固态化、集成化、体积小、工艺简单、成本低等优点，因此自出现以来获得了迅速发展，目前在环境监测、可燃气体监控以及医院环境的保护等方面得到了广泛应用。

1. 分类

随着气敏陶瓷材料、制备工艺、器件结构等方面研究的发展，目前半导体气体传感器检测气体的种类不断增多，不同结构与制备方法的半导体气敏元件层出不穷。

(1) 按气敏材料分类 分为半导体陶瓷和贵金属两大类。其中，半导体陶瓷感受被测气体前后，材料的电导率将发生变化，从而完成对特定气体检测；贵金属（如 Pt、Pd 等），其功函数随吸附气体的种类和浓度发生变化，利用这一特性，再结合一定的半导体器件实现对被吸附气体的测量。

(2) 按制备工艺分类 分为薄膜型、厚膜型、烧结型。

(3) 按器件结构分类 分为电阻型、二极管型、场效应晶体管型三大类。

(4) 按加热方式分类 分为直热式、旁热式两类。

直热式指加热丝嵌入敏感膜内部构成的气敏元件，图 3-18（a）为烧结型直热式 SnO_2 气敏电阻。旁热式指加热丝位于敏感单元之外构成的气敏元件，图 3-18（b）是一个薄膜型旁热式气敏电阻。

2. 半导体陶瓷及其气敏原理

半导体陶瓷是一种陶瓷类半导体材料，具有半导体材料的导电特性——基于电子/空穴的导电机制。这类材料的导电类型可根据陶瓷材料中各种元素的组成成分进行控制。在气体传感器领域中，常用的是金属氧化物半导体陶瓷，如 SnO_2、

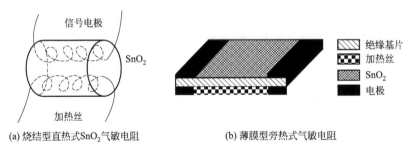

(a) 烧结型直热式SnO₂气敏电阻　　　　(b) 薄膜型旁热式气敏电阻

图 3-18　直热式和旁热式气敏电阻

CuO、NiO、TiO_2、ZnO 等。

在金属氧化物半导体陶瓷中，金属离子作为电子的提供者，称为施主，氧离子作为电子的接受者，称为受主。两种成分相比，当金属离子过剩时，电子浓度高于空穴浓度，以**电子导电为主，称为 n 型半导体陶瓷**；反之，氧离子过剩时，以**空穴导电为主，称为 p 型半导体陶瓷**。则 n 型/p 型半导体陶瓷的电导率 δ_n/δ_p 可表示为：

$$\delta_n = C_n q \mu_n$$
$$\delta_p = C_p q \mu_p$$

式中，C_n、C_p 分别表示电子浓度和空穴浓度；μ_n、μ_p 分别表示电子和空穴的电迁移率；$q = 1.6 \times 10^{-19} C$，表示电荷电量。

理论上讲，当 n 型半导体陶瓷与还原性气体接触时，其中的氧离子与还原性气体反应，进一步造成材料内的金属离子过剩，电子浓度 C_n 进一步增加，从而使电导率增加；当与氧化性气体接触时，氧的吸附使材料内金属离子的相对含量降低，即使电子浓度 C_n 降低，电导率降低。这就是 n 型金属氧化物半导体陶瓷的气敏原理。

3. 半导体陶瓷湿度传感器

(1) 半导体湿敏陶瓷

半导体湿敏陶瓷与半导体气敏陶瓷相似，也是一种具有半导体特性的陶瓷材料。就其成分而言，半导体湿敏陶瓷是各种不同类型的金属氧化物，**准确化学剂量比的半导体陶瓷电阻率很高，属于绝缘体。通过掺入适量杂质的方法可以使其偏离理想化学剂量比，呈现出半导体的导电特性。**

结构上，湿敏陶瓷是多孔状的多晶结构，晶粒内部具有大量电子或空穴，电阻率较低；晶粒间界中，由于存在大量的悬挂键，存在较大空间，不仅电子或空穴浓度远低于晶粒内部，而且迁移率很低，所以电阻率很高。因此，湿敏陶瓷在吸收水分子之前，呈现出高阻的状态。

水分子是一种极性分子，可以通过化学吸附和物理吸附两种方式进入多孔状半导体陶瓷的晶粒间界中，如图 3-19 所示。可见水分子的吸附使晶粒间界中形成 O—H 键构成网络，为电子或空穴在晶粒间的输运提供了通道。吸附的水分子越多，则越有利于电子或空穴在晶粒间输运，从而使材料的电阻率随着水分子吸附量的增加而降低。多数半导体陶瓷湿度传感器就是利用这一特性实现对湿度的测量。

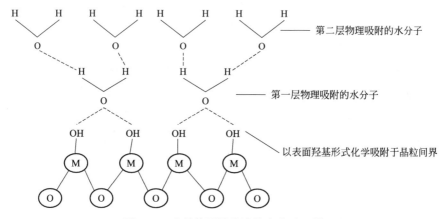

图 3-19　半导体湿敏陶瓷的水分子吸附

（2）半导体陶瓷湿度传感器

半导体陶瓷湿度传感器是一种利用多孔状陶瓷材料吸收水分子前后电阻、电容等性能的变化，将湿度转化为电学量变化的传感器。

湿度是大气中所含的水蒸气含量，通常用两种方法表示：绝对湿度和相对湿度。绝对湿度是指特定空间内水蒸气的绝对含量，可用 $kg \cdot m^{-3}$ 或水的蒸气压表示，如 25℃时水的饱和蒸气压为 4.5kPa（33.8mmHg）。相对湿度为某一待测蒸气压与相同温度下的饱和蒸气压之比的百分数，常以 RH（%）表示，相对湿度越大表示水分子含量越高。在湿度传感器领域中，多采用相对湿度的表示方法。

对湿度传感器，要求在所测量的湿度范围内，应有一定的灵敏度。大多数半导体陶瓷湿度传感器是电阻性敏感元件，因此通常以相对湿度变化 1%时，阻值变化的百分率来表示其灵敏度。

半导体陶瓷湿度传感器的动态特性是指电阻值的响应速度或响应时间。响应越快，动态特性越好。但实际上，环境湿度的变化与元件吸水量之间，需要一段时间才能达到平衡，这与材料本身的特性以及器件结构设计有关。因此不同器件间的动态特性差别很大，有的不到 1s，有的则需要十几分钟。

温度特性也是湿度传感器的重要指标，通常以湿度温度系数表示，即温度每变化 1℃，其阻值的变化相当于 RH 变化的百分数，单位为 $RH(\%) \cdot ℃^{-1}$。

半导体陶瓷湿度传感器与半导体陶瓷气体传感器在制备工艺上基本相同，也可分为薄膜型、厚膜型和烧结型。二者主要区别在于，湿敏陶瓷的感湿机制不同。

利用半导体湿敏陶瓷制成的湿度传感器工作范围宽、响应速度快、耐受环境能力强，是当今湿度传感器的发展方向。感湿后电阻降低，脱湿后电阻升高。

第四节　光纤化学传感器

光化学传感器（optical chemical sensor）是一类具有光学响应的化学传感器。在化学分析中，基于光学系统的光学技术和光谱学方法已广泛应用。20 世纪 80 年代以来，由于通信技术和计算机技术的飞速发展，其与光谱技术相结合形成一种新型分析测试技术——光导纤维化学传感器（fiberoptical chemical sensor），简称光纤化学传感器，在分析化学领域开辟了一片新天地。利用化学发光、生物发光以及光敏器件与光导纤维技术制作的传感器，特别是光纤传感器及以光纤为基础的各种探针技术，具有响应速度快、灵敏度高、抗电磁干扰能力强、体积小、可应用于其他传感器无法工作的恶劣环境等特点，在分析过程中具有很大的应用潜力，十几年来得到了突飞猛进的发展。

对于不同的分析目的，光纤化学传感器的仪器装置有所不同，但基本组成大致相同。一般由光源、耦合器、光纤、探测层、检测器几个部分组成。

一、光纤化学传感器的工作原理

光纤化学传感器基于探测层与被测物质相互作用前后，物理或化学性质改变引起传播光的特性变化，通过检测器将这一变化的光信号转换为电信号，从而实现对化学物质的定量检测。

光纤化学传感器借助于光导纤维传输光，测试时插入待测试液或气体中，光源经入射光纤送入末端固定有敏感试剂的调制区，被测物质与敏感试剂相作用，引起光的强度、波长（颜色）、频率、相位、偏振态等光学性质的变化。这些变化成为被调制的光信号，再经输出光纤送入光探测器和信号处理装置，从而获得被测物质的信息，其基本工作原理如图 3-20 所示。

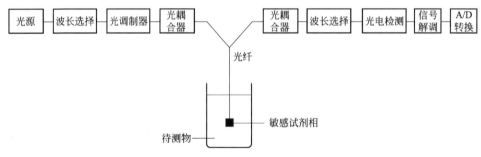

图 3-20　光纤化学传感器工作原理

二、光纤化学传感器的分类

光纤化学传感器主要分为光导型和化学型。光导型传感器的光纤仅作为光传导器件，利用其他敏感物质检测被分析物质的变化。化学型传感器中，光纤本身形成传感媒介，通过与化学传感系统相结合，使被分析物质与化学敏感试剂作用，通过光纤检测出引起传输光的某些特性发生的变化。**化学型传感器可解决一些无色的、非吸光物质或非荧光物质的检测问题。**

根据被测物质与固定试剂相间相互作用引起变化的光信号特征，可将光纤化学传感器分为：吸收光传感器、反射光传感器、荧光传感器。

1. 吸收光传感器

第一个光纤化学传感器是基于光吸收的 pH 传感器，如图 3-21。光纤插入装填有 pH 指示剂固定相并可渗析 H^+ 的纤维素管中，通过多重散射吸收，测定的 pH 为 7.00～7.40。

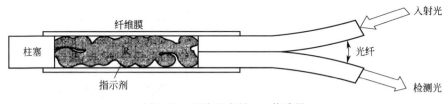

图 3-21　吸收型光纤 pH 传感器

2. 反射光传感器

利用反射光可测量反应时伴有颜色改变的情况。通过反射光强度可测定固定试剂相的颜色，为多数光纤对固定在固态支持体上的试剂相不能得到满意的透射光开辟了一条可行之路。目前已有报道基于光反射原理用于水中油测定的传感器，通过反射光传感器可以不经萃取，直接测定分散在水中的芳香族化合物、原油及其他物质。类似的还有测氨传感器和测量血浆中氧含量的传感器。

3. 荧光传感器

荧光与激发光可以通过波长加以区别，所以荧光信号特别适用于光纤化学传感器的测定，值得提出的是光纤化学传感器和普通的荧光池不同，它可以在开放的透光场合下进行测定。

第五节 压电化学传感器

一、概述

压电化学传感器（piezoelectric chemical sensor，PCS）是利用化学反应产生的质量变化进行测量的一类传感器。目前主要采用在压电晶体上镀一层选择性膜，使待测物质被选择性吸收而使质量改变，进而改变压电晶体的固有频率实现被测物的测量，也称石英晶体微天平（quartz crystal microbalance，QCM）。QCM 和电化学仪器联用构成电化学石英晶体微天平（EQCM），电化学石英晶体微天平可检测电极表面纳克量级的质量变化，同时还能测量电极表面质量、电流和电量随电势的变化情况。与法拉第定律相结合，可定量计算每一法拉第电量所引起电极表面质量的变化，可为判断电极反应机理提供丰富的信息。EQCM 可以检测非电化学活性物质在电极上的行为，有助于认识电极表面的非电化学过程，从一个新的角度对电极表面的变化和反应历程提供定量的数据，具有其他方法所不能比拟的优点，对电化学反应机理、新型材料、有机电合成、电聚合、表面电化学等研究都具有十分重要的作用，是一种新的、非常有效的电极表面分析方法。

压电化学传感器包括体声波（bulk acoustic wave，BAW）**和表面声波**（surface acoustic wave，SAW）。前者较稳定，用于液相成分测定；后者体积较小，专用于测定气体。气体检测包括一系列无机气体和有机蒸气，如 H_2S、SO_2、CO_2、NO_2、H_2、Hg、水汽（湿度）、丙酮、甲醛、硝基苯、有机磷等，如果与光纤传感器结合可实现远距离检测战地的军用毒气。在压电晶体上镀以类脂双层膜，可做成定量测定甜、咸、苦味的味觉电极；用小型的气体传感器阵列并结合化学计算学，可模拟动物的嗅觉。

二、构成与原理

压电化学传感器是基于石英晶体的压电效应，对其电极表面质量变化进行测量的装置。基本部件是一个具有压电效应的石英晶体谐振器，将一很薄的石英晶片两面镀上金属薄层（电极材料）即可。晶体振荡元件，简称晶振，其结构如图3-22 所示。

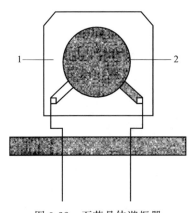

图 3-22　石英晶体谐振器

1—石英晶片；2—电极材料（金或铂）

电极设置位置与晶轴关系不同，可产生不同的振动模式。常用的石英晶片是厚度切割模式的**正切-切型**（AT-切型），是由石英单晶在对应于晶体主晶轴的一个特殊角度上切割而成的。AT切割具有两个优点：一是对温度的变化不敏感，在 $-40\sim 90℃$，温度系数大约为 10^{-6} 数量级，在室温时具有零频率温度系数，因而频率响应受温度的影响小；二是谐振频率高（ $1\sim 20MHz$ ），使其对质量的变化极为灵敏。石英晶体的基频越高，灵敏度越高，检测限越小，但提高基频须将晶体片做得更薄，加工难度大且易损坏。所以一般选用 10MHz 左右的晶体片较为合适。

压电化学传感器与电化学仪器连用构成的 EQCM，它在获得电化学信息的同时又可以得到质量变化的信息。EXCM 系统见图 3-23。

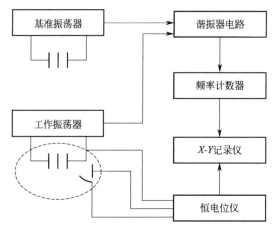

图 3-23　EQCM 系统示意图

EQCM 测量系统通常由谐振器电路（包括工作振荡器、参考振荡器、谐振器及波形调整电路）、频率计数器及配套恒电位仪、记录装置等组成。 Δm 为单位面积的吸附质量（ $g\cdot cm^{-2}$ ）。对于 AT-切型的晶体，面积一定时，有

$$\Delta f = -2.3\times 10^6 = f_0^2 \Delta m$$

式中， Δf 为涂层所引起的振荡频移值，Hz； f_0 为晶体固有振荡频率，MHz； Δm 为单位面积的吸附质量，$g\cdot cm^{-2}$ 。

当晶体涂上薄层物质后，其振动频率会发生漂移。换句话说，一旦晶体振

动频率发生改变，便意味着有外源物质在晶体上沉积，而且沉积物质的质量与晶体振动频率的变化在一定范围内成比例。如果设法让晶体选择地吸附外源物质，便能制成压电晶体型化学传感器或压电晶体型生物传感器。

压电化学传感器的选择性取决于吸附剂，灵敏度取决于晶体性质。一般来说，涂膜晶体振动频率范围在 $9\sim14\mathrm{MHz}$，质量的增加对振动频率的改变，即灵敏度是 $50\mathrm{Hz}/10^{-9}\mathrm{g}$，检测限可达 $10^{-12}\mathrm{g}$。

第四章

电化学分析法

电化学分析是仪器分析的一个重要分支，是建立在溶液电化学性质基础上的一类分析方法，或者说利用物质在其溶液中的电化学性质及其变化规律进行分析的一类方法。电化学性质是指溶液的电学性质（如电导、电量、电流、电位等）与化学性质（如溶液的组成、浓度、形态及某些化学变化等）之间的关系。

习惯上按电化学性质参数之间的关系来划分，可分为：电导分析法、电位分析法、电解与库仑分析法、极谱与伏安分析法等。而通常是划分为以下三种类型：

① 以待测物质的浓度在某一特定实验条件下与某些电化学参数间的直接关系为基础的分析方法，如电导法、电位法、库仑法、极谱与伏安法等。

② 以滴定过程中，某些电化学参数的突变作为滴定分析中指示终点的方法（注意：不是用指示剂），如电位滴定、电导滴定、电流滴定等。

③ 经电子作为"沉淀剂"，使试液中某待测物质通过电极反应转化为固相沉积在电极上，由电极上沉积产物的量进行分析的方法，如电解分析法（也称电重量法）。

按照 IUPAC（国际纯粹与应用化学联合会）1975 年的推荐意见，分成三类：

① 第一类，既不涉及双电层，也不涉及电极反应的方法，如电导分析和高频滴定。

② 第二类，只涉及双电层，但不涉及电极反应的方法，如表面张力法和非法

拉第阻抗测量法。

③ 第三类，涉及电极反应的方法，如电位分析法、电解分析法、库仑分析法、极谱法和伏安分析法。

本书介绍的是第三类方法。

第一节　电位分析法

一、电位分析法的基本原理

电位分析法是利用电极电位与溶液中待测物质离子的活度（或浓度）的关系进行分析的一种电化学分析法。能斯特方程就是表示电极电位与离子的活度（或浓度）的关系式，所以能斯特方程是电位分析法的理论基础。

电位分析法利用一支指示电极（对待测离子响应的电极）及一支参比电极（常用 SCE）构成一个测量电池（原电池），如图 4-1 所示。在溶液平衡体系不发生变化及电池回路零电流条件下，测得电池的电动势（或指示电极的电位）$E = \varphi_{参比} - \varphi_{指示}$。由于 $\varphi_{参比}$ 不变，$\varphi_{指示}$ 符合能斯特方程，所以 E 的大小取决于待测物质离子的活度（或浓度），从而达到分析的目的。

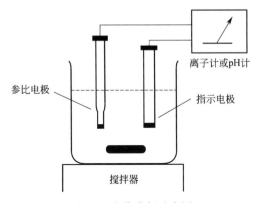

离子计或pH计

参比电极

指示电极

搅拌器

图 4-1　电位分析示意图

二、电位分析法的分类和特点

电位分析法可分为直接电位分析法、电位滴定法。

1. 直接电位分析法

利用专用的指示电极——离子选择性电极，选择性地把待测离子的活度（或浓度）转化为电极电位加以测量，根据能斯特方程，求出待测离子的活度（或浓度），也称为离子选择电极法。这是 20 世纪 70 年代初才发展起来的一种应用广泛的快速分析方法。该方法测定速度快，测定的离子浓度范围宽，可用于许多阴离子、阳离子、有机物离子的测定，尤其是一些其他方法较难测定的碱金属离子、碱土金属离子、一价阴离子及气体。因为测定的是离子的活度，所以其可以用于化学平衡、动力学、电化学理论的研究及热力学常数的测定；可以制作成传感器，用于工业生产流程或环境监测的自动检测；可以微型化，做成微电极，用于微区、血液、活体、细胞等对象的分析。

直接电位法分析法可分为：直接比较法、标准曲线法、标准加入法。

(1) 直接比较法（也称直读法） 如测量离子 A，需用两个不同浓度的标准溶液 $p[A]_{s1}$、$p[A]_{s2}$，且 $p[A]_{s1} < p[A]_x < p[A]_{s2}$，分别用两个标准溶液对离子计进行斜率校正及定位，然后测定未知溶液，从离子计上直接读出 $p[A]_x$ 值。

(2) 标准曲线法 适于大批量且组成较为简单的试样分析。配制一系列（一般为 5 个）与试样溶液组成相似的标准溶液 C_i，与试样溶液同样加入 TISAB，分别测量 E（或 φ）。绘制 $E\text{-}\lg C_i$（或 $E\text{-}pC_i$）标准曲线，由未知试样溶液所测的 E_x 从曲线中求得 C_x。

(3) 标准加入法（也称添加法） 将小体积 V_s（一般为试液的 $1/100\sim1/50$）而高浓度 C_s（一般为试液的 $50\sim100$ 倍）的待测组分标准溶液，加入一定体积的试样溶液中，分别测量标准溶液加入前后的电动势，从而求出 C_x。

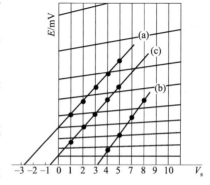

图 4-2　格兰作图法
(a)—电位法；(b)—电位滴定法；(c)—空白试验

可分为单次标准加入法和连续标准加入法，格兰（Gran）作图法如图 4-2 所示。

2. 电位滴定法

电位滴定法是利用指示电极在滴定过程中电位的变化及化学计量点附近电位的突跃来确定滴定终点的滴定分析方法。电位滴定法与一般的滴定分析法的根本差别在于确定终点的方法不同。电位滴定法的准确度比指示剂滴定法高，更适合于较稀溶液的滴定。电位滴定法可用于指示剂法难进行的滴定，如极弱酸、碱的滴定，配合物稳定常数较小的滴定，混浊、有色溶液的滴定等。它也可较好地应用于非水滴定。

电位滴定法与直接电位法的不同在于，它是以测量滴定过程中指示电极的电极电位（或电池电动势）的变化为基础的一类滴定分析方法。其装置由四部分组成，即电池、搅拌器、测量仪表、滴定装置，如图 4-3 所示。其滴定终点的确定有作图法和二级微商计算法两种。

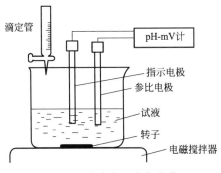

图 4-3 电位滴定基本仪器装置

第二节 电解分析法

一、电解分析法的装置及原理

电解装置主要由电解池（包括电极、电解溶液及搅拌器）、外加电压装置（分压器）及显示仪器三部分组成，如图 4-4 所示。

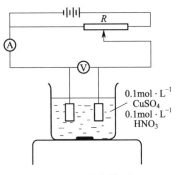

图 4-4 电解装置

电解是利用外部电能使化学反应向非自发方向进行的过程。在电解池的两电极上施加的直流电压达到一定值时，电极上就发生氧化还原反应，电解池中（及回路）就有电流通过，这个过程称为电解。

以在 $0.1\,mol \cdot L^{-1}\,HNO_3$ 介质中电解 $0.1\,mol \cdot L^{-1}\,CuSO_4$ 为例。$i\text{-}V$ 关系曲线如图 4-5 所示。

应该注意到： 电解所产生的电流（电解电流）是与电极上的反应密切相关的，电流进出电解池是通过电极反应来完成的，与电流通过一般的导体有本质的不同。这是电解的一大特点。

电解的另一大特点是，电解一开始，就为其树立了对立面——反电解，即电

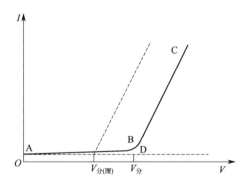

图 4-5　电解过程电流-电压曲线

解一开始产生了一个与外加电压极性相反的反电压,阻止电解的进行,只有不断地克服反电压,电解才可进行和延续。

理论上,只有外加电压增加到能克服反电动势时,电解方可进行,此时的外加电压叫做理论分解电压 $V_{分(理)}$,显然:

$$V_{分(理)} = E_{反} = -(\varphi_{阴平} - \varphi_{阳平}) = \varphi_{阳平} - \varphi_{阴平}（“平”指平衡电位）$$

分解电压是对电池整体而言的,若对某工作电极的电极反应来说,还可用析出电位来表达。如果电解池中再配上一支参比电极,在不同外加电压下监测工作电极的电流,并测量电解电流,绘制 i-φ 曲线,同样可以得出,只有工作电极的电位达到某一值时,电极反应才发生,这个电位称为析出电位 $\varphi_{析}$。

电流通过电解池时,由于两电极会发生极化并由此产生过电位,总过电位 $\eta_{总}$ 可表示为:

$$\eta_{总} = \eta_{阳} - \eta_{阴} = \eta_{阳} + |\eta_{阴}|$$

$\eta_{总}$ 也称为总过电位和超电压。因此,实际的分解电压 $V_{分}$,除了要克服电解池的反电动势外,还应克服超电压,所以:

$$V_{分} = (\varphi_{阳平} + \eta_{阳}) - (\varphi_{阴平} + \eta_{阴}) = \varphi_{阳平} - \varphi_{阴平} + \eta_{总} = V_{分(理)} + \eta_{总}$$

当电解进行后,电解池回路上有电流 i 通过,除外电源所施加的电压外,还有一部分用于回路电阻 R 的电压。所以,总外加电压 $V_{外}$ 为:

$$V_{外} = \varphi_{阳平} - \varphi_{阴平} + \eta_{总} + iR$$

影响电极过电位的因素有:

① 电极材料和其表面状况。η 与电极的热功函数有关,如汞对氢原子的吸附热较小,使 H^+ 在电极上放电迟缓,η 很大,氢在软金属电极上 η 也较大。而铂对氢原子的吸附热大,H^+ 在电极上放电快,η 较小,在铂黑电极上更小。光亮表面比粗糙表面的 η 要大。

② 电流密度。电流密度越大,η 也越大。

③ 温度。温度升高，会使离子的扩散速率和电极反应速率加快，故 η 降低。

④ 电极反应析出物的状态。析出气体的 η 大，因为气体会在电极表面聚成气泡附在电极表面，减少电极与溶液的接触面积，阻碍扩散及反应。析出物能与电极形成金属齐（如汞齐）的 η 较小。

二、控制电流电解分析法

控制电流电解分析法（也叫恒电流电解分析法）装置如图 4-6 所示（阴极电解）。该法的最大特点是，以大面积的铂网作为阴极，以螺旋状的铂丝作为阳极，并连接到马达上作搅拌器，装置还经常配有加热设备。

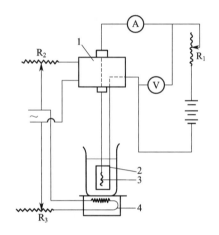

图 4-6　恒电流电解装置

1—搅拌马达；2—铂网（阴极）；3—铂螺旋丝（阳极）；4—加热器；

A—电流表；V—电压表；R_1—电解电流控制；R_2—搅拌速度控制；R_3—温度控制

这个方法的仪器简单，分析速度快，准确度高。分析的准确度在很大程度上取决于电解析出物的性质与状态。析出物必须纯净并牢固附着在电极上，以防止洗、烘、称时脱落。采用大面积的铂网可以降低电流密度，充分搅拌可以使析出物均匀，采用配位性的电解液可以使电极反应温和，析出物较致密。

这个方法的最大缺点是选择性较差，共存离子干扰较为突出，而且外加电压加大到一定程度时，就引起放出 H_2 的反应。因此，这个方法适用于溶液中仅含一种比 H^+ 更易还原的金属离子的测定（即电动序表中排在氢后的金属）。改变介质条件，如在碱性或络合剂存在下的介质中电解，可以扩大应用范围。

通过加入去极剂（或称电位缓冲剂），可使外加电压加大到某一程度时，工作电极的电位保持不变，防止干扰的电极反应的发生。

电解测定某一离子时，必须考虑其他共存离子的共沉积问题，而利用控制电位进行混合离子的分离和分析，也必须考虑离子析出的次序及分离完全度的问题。不同离子析出电位的差别决定了它们电解析出的次序。在阴极上，$\varphi_{阴析}$愈正者，愈易还原，则先析出；在阳极上，$\varphi_{阳析}$愈负者，愈易氧化，则先析出（或溶解）。两离子析出电位的差异 $\Delta\varphi_{析}$ 决定了其能否通过控制电位电解达到完全分离。在电解分析中，通常把离子的浓度降至初始浓度的 $10^{-6} \sim 10^{-5}$ 倍时，视为电解析出完全。因此对于两混合离子要能通过控制电位电解达到完全分离，其析出电位之差 $\Delta\varphi_{析} > \dfrac{0.30}{n}(V) \left(即 \dfrac{0.0591}{n}\lg 10^{-5}\right)$。

第三节　库仑分析法

库仑分析法也是建立在电解过程上的分析法，它是通过测量电解过程所消耗的电量来进行分析的，主要用于微量或痕量物质的分析。

一、库仑分析法的基本原理

库仑分析法的基本原理为法拉第（Faraday）定律。数学表示式为：

$$m = \frac{MQ}{nF}$$

式中，m 为电极上析出物质的质量，g；M 为物质的摩尔质量，$g \cdot mol^{-1}$；n 为电极反应的电子转移数；Q 为通过电解池的电量，C；F 为法拉第常数，96487C $\cdot mol^{-1}$。

此式有两层含义：对于电解同一物质，$m \propto Q$；对于电解不同物质，当 Q 一样时，$m \propto M/n$。

对于库仑分析来说，通过电解池的电量应该全部用于测量物质的电极反应，即待测物质的电流效率应为 100%，这是库仑分析的先决条件。即电极反应是单一的，没有其他副反应发生。

二、库仑分析法的分类

库仑分析的方法可分为控制电位库仑分析法、控制电流库仑分析法、微库仑分析法。

1. 控制电位库仑分析法

建立在控制电位电解过程的库仑分析法称为控制电位库仑分析法。即控制一定电位，使被测物质以 100% 的电流效率进行电解，当电解电流趋于零时，表明该物质已被电解完全，通过测量所消耗的电量而获得被测物质的量。

(1) 控制电位库仑分析法装置 比起控制电位电解分析多了一个电量测量部分，如图 4-7 所示。

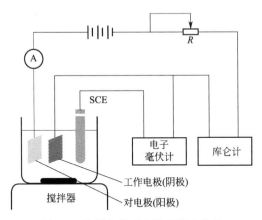

图 4-7 控制电位库仑法的基本装置

(2) 电量的测量 一般利用重量库仑计、气体库仑计、化学库仑计或电子积分仪进行测量。

① 重量库仑计。主要有银库仑计，结构如图 4-8 所示。以铂坩埚为阴极，银棒为阳极，用多孔瓷管把两极分开，坩埚内盛有 $1\sim2\text{mol}\cdot\text{L}^{-1}$ 的 $AgNO_3$ 溶液。串联到电解回路上，电解时发生如下反应：阳极 $Ag \longrightarrow Ag^+ + e^-$，阴极 $Ag^+ + e^- \longrightarrow Ag$。电解结束后，称量坩埚的增重，由析出银的量算出所消耗的电量。此外还有钼库仑计、铜库仑计、汞库仑计等。

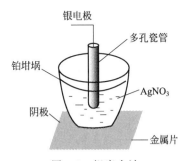

图 4-8 银库仑计

② 气体库仑计。有氢氧和氮氧气体库仑计。氢氧库仑计如图 4-9 所示。装有 $0.5\text{mol}\cdot\text{L}^{-1}\text{K}_2\text{SO}_4$ 溶液的电解管置于恒温水浴中，管下方焊上两 Pt 电极，串联到电解回路中，电解时，两 Pt 电极上分别析出 H_2 和 O_2。

阳极：$2H_2O \longrightarrow O_2\uparrow + 4H^+ + 4e^-$ 阴极：$2H^+ + 2e^- \longrightarrow H_2\uparrow$

电解结束后，刻度管电解前后液面之差为电解析出 H_2 和 O_2 混合气体的体积。

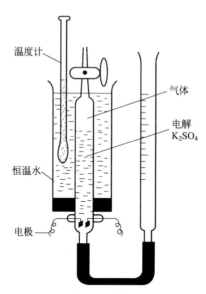

图 4-9　氢氧库仑计

从电极反应式及气体定律可知，在标准状况（273K，101.325kPa）下，通过每一法拉第电量（96487C）可产生 16800mL 混合气体（或每库仑可产生 0.1741mL 气体）。因此可算出电解所消耗的总电量。

③ 化学库仑计（也称滴定库仑计）。其结构如图 4-10，杯内盛 $0.03mol \cdot L^{-1}$ 的 KBr 和 $0.2mol \cdot L^{-1}$ 的 K_2SO_4。电解发生时，电极反应为：

阳极：$Ag + Br^- \longrightarrow AgBr + e^-$　　　　阴极：$2H_2O + 2e^- \longrightarrow 2OH^- + H_2 \uparrow$

电解结束时，用标准酸溶液滴定电解生成的 OH^- 的量，因而可算出消耗的总电量。

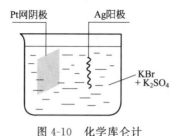

图 4-10　化学库仑计

④ 电子积分仪。库仑分析中的电量为：

$$Q = \int_0^t i_t \, dt$$

采用电子线路积分总电量并直接从仪表中读出，更为方便、准确。此外，可用作图法求电量，控制电位库仑分析中的电流随时间而衰减的函数式为 $i_t = i_0 10^{-kt}$，则当 t 较大时，$kt > 3$，10^{-kt} 可以忽略，所以

$$Q = \frac{i_0}{2.303K}$$

而 $\lg i_t = \lg i_0 - kt$，电解中测定 n，对 t、i_t 数值作 $\lg i_t$-t 曲线，其斜率为 $-K$，截距为 $\lg i_0$，代入前式即可求得 Q。

（3）控制电位库仑分析法的特点和应用

① 该法是测量电量而非称量，所以可用于溶液中均相电极反应或电极反应析出物不易称量的测定，对有机物测定和生化分析及研究上有较独特的应用。

② 分析的灵敏度、准确度都较高，用于微量甚至痕量分析，可测定 μg 级的物质，误差可达 $0.1\% \sim 0.5\%$。

③ 可用于电极过程及反应机理的研究，如测定反应的电子转移数、扩散系数等。

④ 仪器构造相对较为复杂，杂质及背景电流影响不易消除，电解时间较长。

2. 控制电流库仑分析法——库仑滴定法

库仑滴定法是用恒定的电流通过电解池，以 100% 的电流效率电解产生一种物质（称为"电生滴定剂"）与被测物质进行定量反应，当反应到达化学计量点时，由消耗的电量（Q）算得被测物质的量。可见，它与一般滴定分析方法的不同在于：滴定剂是由电生的，而不是由滴定管加入，其计量标准量为时间及电流（或 Q），而不是一般滴定法的标准溶液的浓度及体积。

（1）方法原理及装置 库仑滴定法的装置除了电解池外，还需有恒电流源、计时器及终点指示装置。图 4-11 为其示意图。

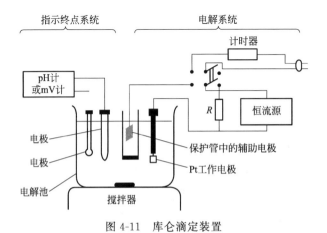

图 4-11 库仑滴定装置

（2）指示终点的方法

① 指示剂法。此法是简便、经济实用的方法。指示剂必须是在电解条件下的非电活性物质。指示剂的变色范围一般较宽，指示终点不够敏锐，故误差较大。

② 电位法。与电位滴定法指示终点的原理一样，选用合适的指示电极来指示滴定终点前后电位的突变，其滴定曲线可用电位（或 pH）对电解时间的关系表示。

③ 双指示电极（双 Pt 电极）电流指示法。其也称永停（或死停）终点法，装置如图 4-12 所示，在两支大小相同的 Pt 电极上加上一个 $50\sim200\mathrm{mV}$ 的小电压，并串联上灵敏检流计，这样只有在电解池中可逆电对的氧化态和原还态同时存在时，指示系统回路上才有电流通过，而电流的大小取决于氧化态和还原态物质浓度的比值。当滴定到达终点时，由于电解液中或者原来的可逆电对消失，或者新产生可逆电对，使指示回路的电流停止变化或迅速变化。

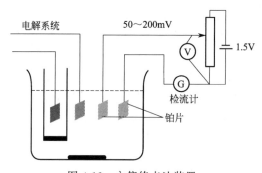

图 4-12　永停终点法装置

（3）库仑滴定法的特点和应用　此法应用较广泛，凡能与电生滴定剂起定量反应的物质均可测定。在现代技术条件下，i、t 均可以准确计量，只要电流效率及终点控制好，方法的准确度、精密度都会很高。有些物质或者不稳定，或者浓度难以保持一定，如 Cu^+、Cr^{2+}、Sn^{2+}、Cl_2、Br_2 等，在一般滴定中不能配制成标准溶液，而在库仑滴定中可以产生电生滴定剂。不需标准溶液，因此不但克服了寻找标准溶液的困难，还减少因使用标准溶液引入的误差。易实现自动检测，可进行动态的流程控制分析。

3. 微库仑分析法

微库仑分析法也是利用电生滴定剂滴定被测物质，与库仑滴定法的不同之处是该法的电流不是恒定的，而是随被测物质的含量大小自动调节，装置如图 4-13 所示。样品进入电解池之前，电解液中加入微量的滴定剂，指示电极和参比电极上的电压 $E_{指}$ 为定值。偏压源提供一个与 $E_{指}$ 大小相同，极性相反的偏压 $E_{偏}$，两

者之差 $\Delta E = 0$。此时，放大器输入为零，输出也是零，处于平衡状态。当样品进入电解池时，滴定剂与被测物质反应，$E_{指}$ 变化，平衡状态被破坏，$\Delta E \neq 0$，放大器有电流输出，工作电极开始电解，直至滴定剂恢复至初始浓度，平衡重新建立，$\Delta E = 0$，终点到达，停止滴定。

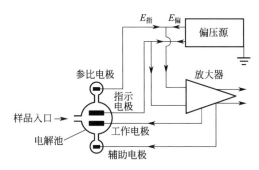

图 4-13　微库仑分析法原理

微库仑法分析过程中电流是变化的，所以也称动态库仑分析法，电流-时间关系曲线如图 4-14 所示。此方法灵敏度很高，适于微量和痕量分析。

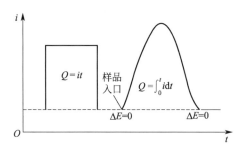

图 4-14　微库仑化的电流-时间关系曲线

第四节　伏安和极谱分析法

伏安和极谱分析法是根据测量特殊形式的电解过程中，电流-电位（电压）或电流-时间曲线来进行分析的方法，是电分析化学的一个重要分支。在含义上，伏安法和极谱法是相同的，而两者的不同在于工作电极。

伏安法的工作电极是电解过程中表面不能更新的固定液态或固态电极，如悬汞、汞膜、玻璃碳、铂电极等。

极谱法的工作电极是表面能周期性更新的液态电极，即滴汞电极（有的文献资料把伏安法和极谱法统称为极谱法）。

伏安和极谱分析法按其电解过程可以分为两大类：

① 控制电位极谱法。如直流极谱法、单扫描极谱法、脉冲极谱法、方波极谱法、交流极谱法、催化极谱法、溶出伏安法等。

② 控制电流极谱法。如计时极谱法、交流示波极谱法等。

本书主要介绍几种控制电位极谱法，主要是直流极谱法。

一、直流极谱法

1. 直流极谱法基本装置

直流极谱法基本装置和电路如图 4-15 所示，可分为以下三个基本部分。

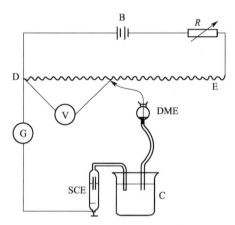

图 4-15   直流极谱法的基本装置和电路

① 外加电压装置：提供可变的外加直流电压（分压器）。

② 电流测量装置：包括分流器、灵敏电流计、电解池。

③ 去极化电极：极谱法装置的特点明显反映在参比电极上——去极化电极，其电极电位不随外加电压的变化而变化，通常用饱和甘汞电极（SCE），置于电解池外，用盐桥与电解池连接。

去极化电极的必要条件：电极表面积要大，通过的电流（密度）要小，可逆性要好。

工作电极：是一个表面积很小的极化电极，极谱中采用滴汞电极（DME）。储汞瓶中的汞沿着乳胶管及毛细管（内径约 0.05mm）滴入电解池中，储汞瓶高度一定，汞滴以一定的速度（3～5 滴·s^{-1}）均匀滴下。

滴汞电极：是一个完全极化电极。由于汞滴很小（半径 0.5～1mm），表面积很小，所以电流密度很大。当外加电压使其电位降到一定值时，汞滴表面溶液中的离子完全被还原，浓度趋于零，电流完全被离子的扩散所决定。电解方程式：

$$V_{外} = \varphi_{SCE} - \varphi_{DME} + iR \xrightarrow{iR \text{ 很小}} \varphi_{SCE} - \varphi_{DME}$$

φ_{SCE} 为定值，所以：φ_{DME}（vsSCE）$= -V_{外}$

表明，φ_{DME} 完全受外加电压所控制，是一个完全极化电极。

目前的极谱仪都采用三电极系统，如图 4-16 所示。即除了工作电极和参比电极外，还有一支由铂丝构成的辅助电极。由工作电极与辅助电极组成电解回路，由工作电极和参比电极组成工作电极电位的监测回路，并通过仪器的设计把工作电极电位等速线性扫描的讯号反馈到外加电压扫描器，以达到控制工作电极电位的目的。

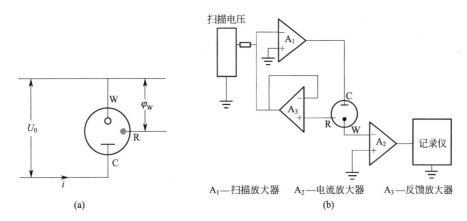

图 4-16　极谱仪的三电极系统

（a）三电极极谱仪电路示意图；（b）恒电位三电极线性扫描示意图

以测定 1×10^{-3} mol·L^{-1} 的 Cd^{2+}（含有 0.1mol·L^{-1} 的 KNO_3）为例说明极谱波的形成。按照图 4-15 的装置，每改变一次 φ_C，测定相应的 i，并作 i-φ_C 曲线，结果如图 4-17 所示，该曲线称为极谱图或极谱波。

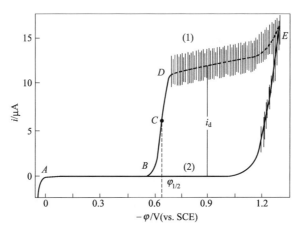

图 4-17　镉离子的极谱图

2. 半波电位 $\varphi_{1/2}$

极谱波的另一特征是半波电位 $\varphi_{1/2}$——当扩散电流为极限扩散电流一半（图 4-17 中的 C 点）时所对应的 DME 的电位。当溶液的组成、温度一定时，每一种物质的 $\varphi_{1/2}$ 一定，这是极谱定性分析的依据。从极谱波的形成可以看出，极谱波的产生是由工作电极的浓差极化而引起的，所以 i-$\varphi_{1/2}$ 曲线也叫极化曲线，极谱法也由此而得名。

要产生完全浓差极化，必要的条件是：

① 工作电极的表面积要足够小，这样电流密度才会大，C^S（膜表面盐浓度）才容易趋于零；

② 被测物质浓度要低，也使 C^S 容易趋于零；

③ 溶液要静止，才能在电极周围建立稳定的扩散层。

直流极谱法的局限性：灵敏度不够高，检测限不低（约 $10^{-5}\,mol\cdot L^{-1}$）；分辨率也不够高，容易受到干扰；电解电流很小，待测物质的利用率低。

克服的办法是发展极谱分析新技术：改进仪器；改变记录方式，如导数、单扫描极谱法等；改变极化方式，如方波、脉冲、单扫描极谱法等；提高试样的分析利用率，如催化极谱、吸附波极谱、溶出伏安法等。

二、单扫描极谱法

单扫描极谱法以前也称为示波极谱法，与直流极谱法相似，单扫描极谱法也是根据滴汞电极上电位的线性扫描所得到的 i-φ 曲线来进行分析的，而主要不同在于：

① 直流极谱法是以大约 $0.2V\cdot min^{-1}$ 的速度慢线性扫描对滴汞电极施加直流电压，所记录的 i-φ 曲线是许多汞滴上极谱行为的平均结果，对于每滴汞来说，电位视为不变；

② 单扫描极谱法是以大约 $0.25V\cdot s^{-1}$ 的速度快速线性扫描对滴汞电极生长的后期施加一个脉冲的锯齿波状的电压，每一滴汞生长的后期，其表面积基本不变，所以一次扫描都使每一滴汞完成一次极谱行为，得到一个完整的极谱波，而且用长余辉慢扫描示波器直接显示 i-φ 曲线，单扫描极谱法也由此得名。

1. 单扫描极谱法的基本电路

单扫描极谱法的基本电路，如图 4-18 所示，大致分为三个部分：

(1) 极化电压发生器　产生锯齿波的极化电压，按一定的周期线性扫描施加到滴汞电极每一滴汞生成的后期（如每滴汞周期为 7s，则锯齿电压扫描施加在滴汞生长的第 6、7s）。

(2) 电解池　为三电极系统，滴汞电极为工作电极，Pt 电极为辅助电极，饱

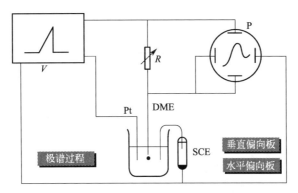

图 4-18　单扫描极谱法的基本电路

和甘汞电极为参比电极。

（3）显示装置　以长余辉慢扫描示波器为显示装置。极谱过程中示波器的荧光屏上显示出一个完整的 i-φ 曲线，并可以直接进行峰电流的测量。

三部分的组成只是为了说明原理而已，而一个单扫描极谱仪还含有下面三个不可缺少的部分：

① 必须装备时间控制器及电极振荡器。一可以保持滴汞的周期为一定值（如 JP-2 型极谱仪为 7s）；二使汞滴形成到滴落的时间与极化电压的扫描保持很好的同步。

② 必须保持电极电位是时间的线性函数。即 $\varphi = \varphi_0{}^{-kt}$（$\varphi$ 指还原波，为负值），φ_0 为起始电位，t 为时间，k 为电位改变速率。在极谱电流中，i-t 是非线性的，如图 4-19 所示，必须把电解回路中 iR 降反馈到外电压的扫描器中，相应改变外电压的扫描速率，以保证 φ-t 的线性关系。采用三电极系统监测滴汞电极的电位及电压的自动跟踪补偿装置，可以达到此目的。

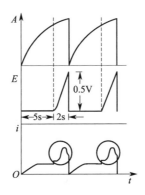

图 4-19　汞滴表面积、极化电压及电流与时间的关系

③ 必须有充电电流的补偿装置以减少其影响——充电电流 i_c 为：

$$i_c = \frac{\mathrm{d}Q}{\mathrm{d}t} = \frac{\mathrm{d}(C_D\varphi'_{DME})}{\mathrm{d}t} = \varphi'_{DME}\frac{\mathrm{d}C_D}{\mathrm{d}t} + C_D\frac{\mathrm{d}\varphi'_{DME}}{\mathrm{d}t}$$

（$\varphi'_{DME} = \varphi_{DME} - \varphi_{零电点}$，$C_D$ 为滴汞的电容量）

由于电压扫描是在滴汞生长的后 2s，滴汞表面积 A 变化很小，所以第一项 $\frac{\mathrm{d}C_D}{\mathrm{d}t}$ 很小，而由于快速扫描，所以第二项 $\frac{\mathrm{d}\varphi'_{DME}}{\mathrm{d}t}$ 就不可以忽视，需要有补偿装置。

2. 电流-电位曲线

单扫描极谱法的 i-φ 曲线（即极谱图）呈尖峰状，如图 4-20 所示。扫描的开始阶段，对滴汞电极施加一个不变的起始电压，此时 φ_{DME} 未达到被测物质的析出电位，没有被测物质的电解电流，i 只是残余电流，形成极谱波的基线。当施加电压达到被测物质的 $\varphi_{析}$ 时，由于极化电压的变化速率很快，被测物质急速地在电极上反应，极谱电流也急速上升。被测物质在电极表面附近的浓度急剧地降低，这时溶液中的物质又来不及扩散到电极表面，因此扩散层厚度加大，在滴汞电极表面产生一个离子的"贫乏区"。而由于极化速率如此之快，所以极谱电流又会回落，出现了尖峰状。然后，极化电压继续加大时，极谱电流就处于正常的极限扩散电流。极谱曲线上峰顶点到基线的距离称为峰电流 i_p，峰顶点所对应的电位，称为峰电位 φ_p。

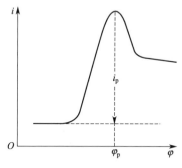

图 4-20　单扫描极谱图

在单扫描极谱中，由于极化速率很快，因此电极反应的速率对电流影响很大。对于电极反应为可逆的体系，电流由极化速率及物质扩散所控制，极谱曲线呈现良好的尖峰状。对于电极反应为部分可逆的体系（或称准可逆体系），由于电极反应速率较慢，电极反应跟不上极化速率，所得的极谱曲线的尖峰状不明显，灵敏度降低。对于电极反应不可逆的体系，电极反应远跟不上极化速率，极谱曲线不显尖峰，有时甚至不起波，灵敏度更低。以上三种情况，如图 4-21 所示。

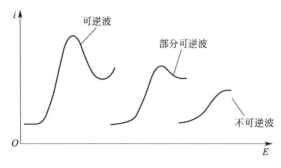

图 4-21　单扫描极谱曲线的比较

3. 单扫描极谱法的特点和应用

单扫描极谱法的原理与普通直流极谱法基本相同。所以一般来说，凡是在普通极谱法能得到的极谱波而进行分析的物质亦能用单扫描极谱法进行分析，而单扫描极谱法具有更多的优点。

(1) 分析速度快　极化速率快，又能直接在示波器的荧光屏上读取峰电流，所以速度快，数秒钟内就可以完成一次测量。

(2) 灵敏度高　峰电流比普通极谱极限扩散电流大得多，又易测量，所以灵敏度高，一般可达 $10^{-7}\text{mol}\cdot\text{L}^{-1}$。

(3) 分辨率较好　极谱曲线为尖峰状，两物质的峰电位相差 0.1V 以上（或 $\Delta\varphi_{1/2}>70\text{mV}$）就可以分开。若用导数极谱法，分辨率更高。

(4) 前放电物质的干扰小　由于线性扫描开始前的 5s 中为静止期，仅施加一个起始电压，使前放电物质发生电解，相当于在电极表面上进行电解分离。

(5) 氧波干扰小　氧波为不可逆波，氧的电解电流很小，往往不需除氧也不干扰测定，特别适合于络合物吸附波和具有吸附性的催化波的测定，可以进一步提高灵敏度。

三、方波极谱法和脉冲极谱法

1. 方波极谱法

方波极谱法是在直流极谱法缓慢扫描的直流电压上，叠加一个低频（225～250Hz）、小振幅（$\leqslant50\text{mV}$）的方波形电压，如图 4-22 所示，然后测量每一个方波电压改变方向前一瞬间通过电解池的交变电流成分，同样得到峰形的极谱波。

方波极谱法的灵敏度比较高，检测限可达 $10^{-7}\sim10^{-8}\text{mol}\cdot\text{L}^{-1}$，这是由于方波极谱是在充电电流充分衰减的情况下才记录电解电流的，消除或减少了充电电流的影响，其原理如图 4-23 所示。由于电容电流 i_c 是随时间 t 按指数衰减的，而

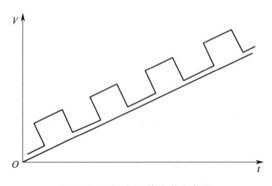

图 4-22   方波极谱的激发信号

法拉第电解电流 i_f 只是随时间 $t^{-1/2}$ 衰减，比 i_c 衰减慢，因此在方波电压改变方向前的瞬间记录极谱电流，i_c 已衰减至接近零。记录的几乎完全是受扩散控制的电解电流，大大提高测量的信噪比。由于极谱波是峰状，所以方波极谱法的分辨率也比较高。

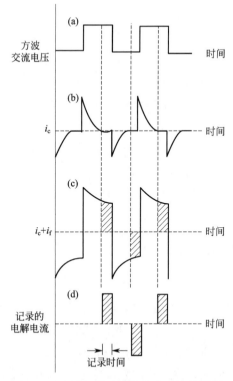

图 4-23   方波极谱法消除电容电流的原理

方波极谱法的缺点是：一要使 i_c 衰减快，整个回路的电阻要小，因此测量溶液加入的支持电解质浓度要大，容易引入杂质；二是方波极谱法的毛细管噪声大，影响了灵敏度的进一步提高。

2. 脉冲极谱法

脉冲极谱法是 1960 年由 Barker 提出的。在方波极谱中，方波电压是连续加入的，每个方波都很短，仅 2ms，在每滴汞上记录到多个方波脉冲的电流值。而脉冲极谱是在滴汞生长的后期才在滴汞电极的直流电压上叠加一个周期性的脉冲电压，脉冲持续的时间较长，并在脉冲电压的后期记录极谱电流。每一滴汞只记录一次由脉冲电压所产生的电流，而这电流基本上是消除电容电流后的电解电流。这是因为加入脉冲电压后，将对滴汞电极充电，产生相应的充电电流 i_c，这像对电容器充电一样，充电电流会很快衰减至零。而另一方面，如果加入的脉冲电压使电极的电极电位足以引起被测物质发生电极反应时，便同时产生电解电流（即法拉第电流）i_f。i_f 是受电极反应物质的扩散所控制的，它将随着反应物质在电极上的反应而慢慢衰减，但速率比充电电流的衰减慢得多。理论研究及实践均说明，在加入脉冲电压约 20ms 之后，i_c 已几乎衰减到零，而 i_f 仍有相当大的数值，因此在施加脉冲电压的后期进行电流取样，则测得的几乎是电解电流。

按照施加脉冲电压及记录电解电流的方式不同。脉冲极谱法可分为常规脉冲极谱（NPP）和微分（示差）脉冲极谱（DPP）两种。

(1) 常规脉冲极谱 常规脉冲极谱是在设定的直流电压上，在每一滴汞生长的末期施加一个矩形脉冲电压，脉冲的振幅随时间而逐渐增加，在 0～2V 之间。脉冲宽度 τ 为 40～60ms。两个脉冲之间的电压恢复至起始电压。在每个脉冲的后期（一般为后 20ms）进行电流取样，测得的电解电流放大后记录，所得的常规脉冲极谱波呈台阶形，与直流极谱波相似，如图 4-24 所示。

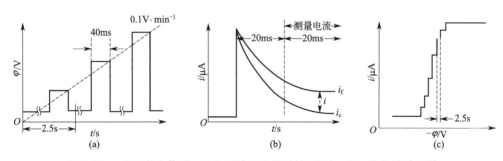

图 4-24 （a）激发信号；（b）汞滴上电流-时间关系；（c）常规脉冲极谱

常规脉冲极谱的极限电流 i_L 方程式为：

$$i_L = nFAD^{1/2}(\pi t_m)^{-1/2}C \, [\text{也称科特雷尔（Cottrell）方程}]$$

式中，t_m 为加脉冲到测量电流之间的时间间隔，其他各项的意义与通常惯例相同。

科特雷尔方程对可逆、不可逆过程的极谱均可适用，而对于可逆过程来说，还原极限电流与氧化极限电流之比为 1，利用此关系可以判断可逆与不可逆的过程。与直流极谱法相比，i_L 为 i_d（整流后的直流电流平均值）的 $6\sim7$ 倍，其极谱波方程式及 $\varphi_{1/2}$ 方程式与直流极谱法相同。

（2）微分（示差）脉冲极谱　微分脉冲极谱是在缓慢线性变化的直流电压上，在每一滴汞生长的末期叠加一个等振幅 ΔE 为 $5\sim100\text{mV}$、持续时间为 $40\sim80\text{ms}$ 的矩形脉冲电压，如图 4-25（a）所示。在脉冲加入前 20ms 和脉冲终止前 20ms 内测量电流，如图 4-25（b）所示。记录的是这两次测量的电流差值 Δi，能很好地扣除因直流电压引起的背景电流。微分脉冲极谱的极谱波是对称的峰状，如图 4-25（c）所示。这是由于，当脉冲电压叠加在直流极谱的残余电流或极限扩散电流部分的电压时，都不会使电流发生很大的变化，Δi 变化很小。当脉冲电压叠加在直流极谱 $\varphi_{1/2}$ 的附近时，由脉冲电压所引起的电位变化将导致电解电流发生很大的变化，Δi 变化很大，在 $\varphi_{1/2}$ 处达到峰值。极谱波的峰电流最大值为：

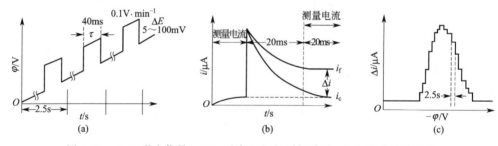

图 4-25　（a）激发信号；（b）汞滴上电流-时间关系；（c）微分脉冲极谱

$$\Delta_{i\max}=\frac{n^2F^2}{4RT}A(\Delta E)D^{1/2}(\pi t_m)^{-1/2}C$$

式中，ΔE 为脉冲振幅极谱波的峰电位。还原过程为"＋"，氧化过程为"－"。

$$\varphi_p=\varphi_{1/2}\pm\frac{\Delta E}{2}$$

3. 脉冲极谱法的特点和应用

脉冲极谱法由于对可逆物质可有效减小充电电流及毛细管的噪声电流，所以灵敏度高，检测限可达 10^{-8}mol·L^{-1}。对不可逆的物质，检测限亦可达 $10^{-6}\sim10^{-7}\text{mol·L}^{-1}$。如果结合溶出技术，检测限可达 $10^{-10}\sim10^{-11}\text{mol·L}^{-1}$。由于微分脉冲极谱波呈峰状，所以分辨力强，两个物质的峰电位只要相差 25mV 就可以分开。前放电物质的允许量大，前放电物质的浓度比被测物质高 5000 倍，亦不干扰。若采用单滴汞微分脉冲极谱法，则分析速度可与单扫描极谱法一样快。由于它对不可逆波的灵敏度也比较高，分辨力也较好，故很适合于有机物的分析。脉冲极谱法也是研究电极过程动力学的很好方法。

四、交流极谱

古典极谱法的特点之一就是极谱池上的电压是恒定的（或变化极慢），可称之为直流极谱法（DCP）。另一类方法是研究当电压或电流随时间而变化，极谱池上电压、电流和时间的关系，称为交流极谱法（ACP）。

1. 交流极谱扫描方式

交流极谱法是一种控制电位极谱法。在直流极谱的直流极化电位上叠加一小振幅的正弦交流电压，它的振幅为 $10\sim50\,mV$，频率小于 $100\,Hz$，测量由此引起的通过电解池的交流电流，得到峰形的极谱波。其峰高与待测物的浓度在一定范围内有线性关系。对可逆体系，交流极谱的检测限为 $10^{-5}\sim10^{-6}\,mol\cdot L^{-1}$，对不可逆体系则要低一些。分辨率比直流极谱高，两峰电位相差 $40\,mV$ 即可分开。除分析应用外，**交流极谱**还用于电极反应动力学的研究。

经典极谱线性扫描电压上叠加一小振幅、低频正弦交流电压，记录通过电解池的交流电流信号。

2. 极谱电流的产生及交流极谱图

在直流电路上串联一交流电压 $\tilde{U}$，经电解后产生的交直流信号在电阻 R 上产生压降，此混合信号经电容滤掉直流成分后被放大、整流、滤波，并直接记录下来。交流极谱波如图 4-26 所示。

从交流极谱曲线可看出：在直流电压未达分解电压之前，叠加的交流电压不会使被测物还原；当达到极限扩散电流之后，由于此时电流完全由扩散控制，叠加的交流电压也不会引起极限扩散电流改变；当交流电压叠加于经典直流极谱曲线的突变区时，叠加正、负半周的交流电压所产生的还原电流比未叠加时要小些或大些，即产生了所谓的交流极谱峰。

3. 交流极谱电流 i_p 与半波电位 φ_p

$$i_p = \frac{z^2 F^2}{4RT} D^{1/2} A \tilde{\omega}^{1/2} c \Delta U$$

$$\varphi_p = \varphi_{1/2}$$

式中，A 为电极面积，cm^2；ΔU 为交流电压振幅，mV；$\varphi_{1/2}$ 为经典极谱半波电位，mV。

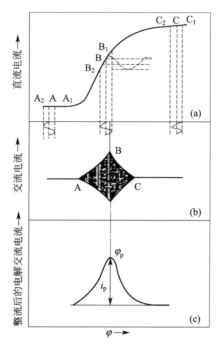

图 4-26   交流极谱曲线产生示意图

4. 交流极谱特点

① 交流极谱波呈峰形,灵敏度比直流极谱高,检测限可达到 $10^{-7}\text{mol} \cdot \text{L}^{-1}$。

② 分辨率高,可分辨峰电位相差 40mV 的相邻两极谱波。

③ 抗干扰能力强,前还原物质不干扰后还原物质的极谱波测量。

④ 叠加的交流电压使双电层迅速充放电,充电电流较大,限制最低可检测浓度进一步的降低。

这一类方法在近十几年来有很大发展,并且分成许多分支。所有上述交流极谱法的特点和 DCP 比较,一般而言,可概括成两点:

① 应用于分析化学上,灵敏度较高。

② 能解释更多的电极反应机理。

第五章

电化学反应热力学

热力学所根据的基本规律就是热力学第一定律、第二定律和第三定律，从这些定律出发，用数学方法加以演绎推论，就可得到描写物质体系平衡的热力学函数及函数间的相互关系，再结合必要的热化学数据，解决化学变化、物理变化的方向和限度，这就是化学热力学的基本内容和方法。近代电化学的主要内容包括两类导体的界面性质及界面上所发生的变化，其中涉及化学热力学的许多问题。

第一节　电极电位和能斯特方程

各种物质相界面上都存在着大小不等的电位差，其大小主要取决于各个相的性质、温度和压力等。如：两种不同金属界面的**接触电位差**，金属与电解质溶液界面的**电位差**（化学电池中最重要的电位差），两种不同溶液界面上的**液体接界电位**。

产生界面电位差的原因：

① **两相间电荷的迁移**（最普遍）。在两相接触的瞬间，如果某种电荷向界面某一侧的迁移占优势，带这种符号的电荷在界面的这一侧就会过量，而在另一侧则不足，因为原来的两相都是电中性的。正、负电荷在界面两侧的分布不均，从而产生了电位差。电位差的产生将使迁移方向相反的带电粒子迁移速度的差别减小，最后在电位差增大到某一数值时，带电粒子在相对方向上的迁移速度达到相等，电位差也就稳定不变。**在界面上迁移的带电粒子**是阳离子、阴离子或电子。

② 界面的一侧选择性地吸附某种离子，若这种离子无法穿过另一侧的物相，

则电位差只局限在界面的一侧，典型例子是液-气界面上电位差，常是阴离子被选择性地吸附。

③ 极性分子（溶质分子或溶剂分子）倾向于在界面上定向排列，这些分子倾向于把极性相同的一端指向界面的同一侧，从而形成电位差。电位差的大小与界面上极性分子的数目、极性的大小和定向的程度有关。定向排列若发生在界面的一侧，则电位差也局限在这一侧。

一、扩散电位

扩散电位是非平衡的扩散过程在界面电位差的作用下达到稳定状态的结果。例如，图 5-1 所示的三种类型的扩散电位。实验工作中，应避免使用有液体接界的电池。常用 KCl 或 KNO_3 溶液制成盐桥避免两种溶液的直接接触，构成盐桥的溶液分别与两种溶液形成两个串联起来的界面。若用 KCl 溶液制成盐桥，此时，扩散由 KCl 控制，而 K^+ 和 Cl^- 的迁移数都接近 0.5，因而两个界面上的电位差可以相互抵消。当 KCl 浓度为 $1mol \cdot L^{-1}$ 时，扩散电位为 0.0084V，而饱和时 $(4.2mol \cdot L^{-1})$ 扩散电位已低于 0.001V。

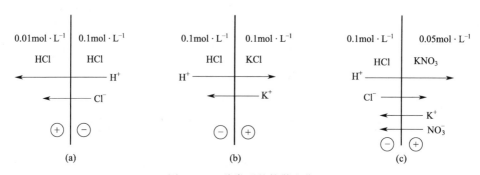

图 5-1　三种类型的扩散电位

二、内电位、外电位和电化学位

电极反应是一个化学反应，但又有别于普通的化学反应。电极反应中除了物质变化外，还有电荷在两相之间的转移。因此，在电极反应平衡的能量条件中，除了考虑化学能外，还要考虑电荷粒子的电能。

以下讨论一个相中电荷发生变化时电能的变化。

例：一个单位正电荷从无穷远处移入相 P 内部（图 5-2）所需的电功为多少？

解：设想这是一个只有电荷而没有质量的点电荷，因而它进入相 P 内后会引起相 P 电能的变化而不会使相 P 的化学能发生变化。

外电位 ψ：单位正电荷移近相 P 时，克服相 P 外部电场的作用力所做的功。

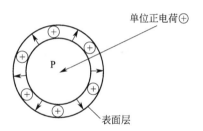

图 5-2　单位正电荷移入相 P 内部

表面电位 χ：单位正电荷到达相 P 表面附近后，穿过相 P 表面层所做的功。表面层分子的定向排列。

内电位 ϕ：将一单位正电荷从无穷远处移入相 P 内所做的电功，即 $\phi = \psi + \chi$。

化学功 μ：带电荷的物质进入相 P 中，该物质需克服与相 P 内的物质之间的化学作用而做的功。

电化学位 $\bar{\mu}$：化学功 μ 与电功 $zF\phi$（z 为粒子所带电荷）之和，即将带 z 单位电荷的粒子移入 P 相所引起的全部能量变化，即 $\bar{\mu} = \mu + zF\phi$

电极反应：$(-\nu_A)A + (-\nu_B)B + \cdots + ne^- \longrightarrow \nu_C C + \nu_D D + \cdots$ 的平衡条件为 $\sum_i \nu_i \bar{\mu}_i = 0$。电极反应方向：若 $\sum_i \nu_i \bar{\mu}_i > 0$，则电极反应自动正向进行；若 $\sum_i \nu_i \bar{\mu}_i < 0$，则电极反应自动逆向进行。

例：铜片放在除氧的硫酸铜水溶液中，其电极反应为 $Cu^{2+} + 2e^- = Cu$，该式两侧电化学位相等时电极反应达到平衡。

金属相中：$\bar{\mu}_{Cu} = \mu_{Cu}$，因 Cu 为原子不带电荷，即 $z = 0$；$\bar{\mu}_e = \mu_e - F\phi_M$，因电子带单位负电荷，即 $z = 1$。

溶液相中：$\bar{\mu}_{Cu^{2+}} = \mu_{Cu^{2+}} + 2F\phi_S$

平衡条件：$\bar{\mu}_{Cu} - \bar{\mu}_{Cu^{2+}} - 2\bar{\mu}_e = 0$

$$\mu_{Cu} - \mu_{Cu^{2+}} - 2\mu_e - 2F\phi_S + 2F\phi_M = 0$$

$$\phi_M - \phi_S = \frac{\mu_{Cu^{2+}} - \mu_{Cu}}{2F} + \frac{\mu_e}{F}$$

根据测量值判断研究的电极反应是否达到平衡或反应进行方向。

三、绝对电极电位和相对电极电位

1. 绝对电极电位

从上述电极反应的例子可见，一个电极反应的平衡条件可以表示为电极材料（电子导体相，通常为金属）的内电位（ϕ_M）与溶液（离子导体相）的内电位

（ϕ_S）之差：

$$\phi_M - \phi_S = \frac{\sum\limits_i \nu_i \mu_i}{nF} + \frac{\mu_e}{F}$$

n 为电极反应的得失电子数，平衡时的 $\phi_M - \phi_S$ 可表示为 $\Delta^M\phi^S$，称为该电极体系的绝对电位，即电极材料相与溶液相之间的伽伐尼电位差。

原则上，如果已知某一电极反应在某种条件下达到平衡时的绝对电位的数值，则只要测量该电极体系的绝对电位并与此平衡值比较，就可判断电极反应是否达到平衡或进行的方向。但实际上，无论哪一个相的内电位或两个相内电位之差的绝对值都是无法测得的。

2. 相对电极电位

选择一个电极作为比较标准，便可测量出该电极电位的相对数值，不同电极之间亦可进行比较，而且某一电极的电位变化也可测量出来（图 5-3）。迄今所有电极电位数值都是相对某一电极的，水溶液中以标准氢电极为标准。

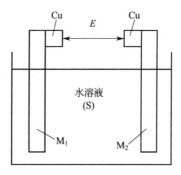

图 5-3　电动势的测量

实测两个电极电位之差 E：包括 Cu/M_1、M_1/S、S/M_2、M_2/Cu 几个界面的内电位之差。

以电池：$Zn | Zn^{2+} \parallel H^+ (a = 1 mol \cdot L^{-1}) | H_2 (101.325 kPa)$，Pt 为例

电动势：$E = \phi_{Zn} - \phi_{Zn^{2+}} + \phi_{H^+} - \phi_{H_2} + \phi_{Pt} - \phi_{Zn}$

E 为锌电极相对标准氢电极的电极电位。

电极反应：$Zn^{2+} + 2e^- \longrightarrow Zn, 2H^+ + 2e^- \longrightarrow H_2$

则有：$\phi_{Zn} - \phi_{Zn^{2+}} = \dfrac{\mu_{Zn^{2+}} - \mu_{Zn}}{2F} + \dfrac{\mu_{e(Zn)}}{F}$

$$\phi_{H^+} - \phi_{H_2} = \frac{\mu_{H_2} - 2\mu_{H^+}}{2F} - \frac{\mu_{e(Pt)}}{F}$$

Zn 和 Pt 之间只有电子流动，且金属又是良导体，故可认为 $\bar{\mu}_e(Zn) = \bar{\mu}_e(Pt)$，

即 $\mu_e(Zn) - F\phi_{Zn} = \mu_e(Pt) - F\phi_{Pt}$，由此得

$$\phi_{Pt} - \phi_{Zn} = \frac{\mu_{e(Pt)} - \mu_{e(Zn)}}{F}$$

故有：$E = \dfrac{\mu_{Zn^{2+}}^{\ominus} + RT\ln a_{Zn^{2+}} - \mu_{Zn}^{\ominus}}{2F} - \dfrac{2\mu_{H^+} - \mu_{H_2}}{2F}$

令 $E_{Zn^{2+}/Zn}^{\ominus} = \dfrac{\mu_{Zn}^{\ominus} - \mu_{Zn^{2+}}^{\ominus}}{2F}$，则 $E = E_{Zn^{2+}/Zn}^{\ominus} + \dfrac{RT}{2F}\ln a_{Zn^{2+}} - \dfrac{2\mu_{H^+} - \mu_{H_2}}{2F}$

其中，$\mu_{H^+} = \mu_{H^+}^{\ominus} + RT\ln a_{H^+}$，$\mu_{H_2} = \mu_{H_2}^{\ominus} + RT\ln a_{H_2}$

对上述例子推广可得能斯特方程，即

$$E = \frac{\sum\limits_i \nu_i \mu_i^{\ominus}}{nF} + \frac{RT}{nF}\sum\limits_i \nu_i \ln a_i$$

$$E = E^{\ominus} + \frac{RT}{nF}\ln \prod_i a_i^{\nu_i}$$

通常文献和数据表中的各种电极电位数值，除特别标明外，一般都是相对于标准氢电极的数值。在实际测量时，常采用其他参比电极以便于进行实验，往往也将测得的数值换算成相对于标准氢电极的数值。常用的水溶液参比电极有甘汞电极、银-氯化银电极、汞-硫酸亚汞电极。熔盐体系尚无一致的标准电极，对于氯化物体系，可选用氯电极为标准电极。

在能斯特方程中，标准电极电位是指在标准状态下的电极电位，非常稀的溶液可假设为理想状态，不必校正活度系数。对于浓度小于 $0.01\,mol\cdot L^{-1}$ 的溶液，可用 Debye-Hückel 方程计算活度系数；更浓的溶液则要用经验数据。绕过活度系数的方法之一是采用标准形式电位。例如，对于电对 Fe^{2+}/Fe^{3+}，其能斯特方程为：

$$E = E^{\ominus} + \frac{RT}{F}\ln \frac{a_{Fe^{3+}}}{a_{Fe^{2+}}} = E^{\ominus} + \frac{RT}{F}\ln \frac{\gamma_{Fe^{3+}}}{\gamma_{Fe^{2+}}} + \frac{RT}{F}\ln \frac{c_{Fe^{3+}}}{c_{Fe^{2+}}}$$

当 $c_{Fe^{3+}} = c_{Fe^{2+}}$ 时，$E = E^{\ominus} + \dfrac{RT}{F}\ln \dfrac{\gamma_{Fe^{3+}}}{\gamma_{Fe^{2+}}} = E^{\ominus\prime}$

则有 $E = E^{\ominus\prime} + \dfrac{RT}{F}\ln \dfrac{c_{Fe^{3+}}}{c_{Fe^{2+}}}$

式中 $E^{\ominus\prime}$ 即为标准形式电位。

第二节　电动势和理论分解电压

例：电解 HCl 溶液（图 5-4）。

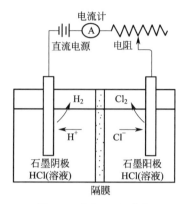

图 5-4 电解 HCl 溶液

电解池：

阳极反应：$Cl^- \longrightarrow \frac{1}{2}Cl_2 + e^-$

阴极反应：$H^+ + e^- \longrightarrow \frac{1}{2}H_2$

电解池反应：$H^+ + Cl^- \Longrightarrow \frac{1}{2}H_2 + \frac{1}{2}Cl_2$

原电池：

阳极反应：$\frac{1}{2}H_2 \longrightarrow H^+ + e^-$

阴极反应：$\frac{1}{2}Cl_2 + e^- \longrightarrow Cl^-$

原电池反应：$\frac{1}{2}H_2 + \frac{1}{2}Cl_2 \Longrightarrow HCl$

阴极的电位高于阳极的电位，也就是说在原电池的情况下，阴极为正极，阳极为负极。当然要维持一个可以输出电能的氢氯电池，就必须分别往两个电极通入氢气、氯气。电解 HCl 溶液会形成氢氯电池，维持电解所需电压起码需大于或等于电池电动势（可逆情况下）。电解时形成的电动势与外加电压方向相反，故称为**反电动势**。

电池的电动势 E 等于正极的电位减去负极的电位，即 $E = E_正 - E_负$。

氢氯电池

由能斯特方程有：

$$E_正 = E_氯 = E_氯^\ominus + \frac{RT}{F}\ln\frac{P_{Cl_2}^{1/2}}{a_{Cl^-}}$$

$$E_{负} = E_{氢} = E_{氢}^{\ominus} + \frac{RT}{F} \ln \frac{a_{H^+}}{P_{H_2}^{1/2}}$$

$$E = E_{正} - E_{负} = E_{氯}^{\ominus} - E_{氢}^{\ominus} - \frac{RT}{F} \ln \frac{a_{H^+} \cdot a_{Cl^-}}{P_{H_2}^{1/2} \cdot P_{Cl_2}^{1/2}} = E^{\ominus} - \frac{RT}{F} \ln \frac{a_{H^+} \cdot a_{Cl^-}}{P_{H_2}^{1/2} \cdot P_{Cl_2}^{1/2}}$$

由热力学可知 $E^{\ominus} = -\Delta G^{\ominus}/nF$，又因为在 25℃ 时 H_2、Cl_2、HCl（液态，$a = 1 mol \cdot L^{-1}$）的 $\Delta G^{\ominus}$ 分别为 $0 kJ \cdot mol^{-1}$、$0 kJ \cdot mol^{-1}$、$-131.17 kJ \cdot mol^{-1}$，可计算出氢氯电池在 25℃ 时的标准电动势 $E^{\ominus} = 1.359V$，也可以把 E 求算出来。

在可逆情况下，化学反应逆向进行时自由能的变化，其绝对值与正向进行时相等，但符号相反。因此，电解盐酸以制取氢气、氯气，理论所需的外加电压为 1.359V（标准状况），这就是**理论分解电压**。所谓**分解电压**是指电解某一电解质时，使之分解所需的最小电压，理论上可根据热力学数据来计算。现在以水的电解为例来说明理论分解电压的计算。用两个镍电极电解 20%NaOH 溶液。阳极生成氧气，阴极析出氢气，总反应为：

$$H_2O(l) \!=\!= H_2 + \frac{1}{2}O_2$$

水的理论分解电压为：$E_D = E_D^{\ominus} + \frac{RT}{2F} \ln \frac{p_{H_2} \cdot p_{O_2}^{1/2}}{a_{H_2O}}$

$E_D^{\ominus}$ 为标准理论分解电压，是温度函数，与 $\Delta G^{\ominus}$ 的关系为：$E_D^{\ominus} = \frac{-\Delta G^{\ominus}}{nF}$，电解水时 $n = 2$。

25℃ 时的 $\Delta G^{\ominus}$ 可查手册，其他温度条件下可根据下列公式计算：

$$\Delta G_T^{\ominus} = \Delta H_T^{\ominus} - T\Delta S_T^{\ominus}$$

$$\Delta H_{T_2}^{\ominus} = \Delta H_{T_1}^{\ominus} + \int_{T_1}^{T_2} \Delta C_p dT$$

$$\Delta S_{T_2}^{\ominus} = \Delta S_{T_1}^{\ominus} + \int_{T_1}^{T_2} \frac{\Delta C_p}{T} dT$$

H_2、O_2、H_2O 的 C_p（$J \cdot mol^{-1} \cdot K^{-1}$）为：

$$C_p(H_2) = 27.70 + 3.39 \times 10^{-3} T$$

$$C_p(O_2) = 34.60 + 1.08 \times 10^{-3} T - 785.34/T^2$$

$$C_p(H_2O) = 6.665 - 1.62 \times 10^{-2} T + 2.65 \times 10^{-5}/T^2$$

$$\Delta C_p = C_p(H_2) + \frac{1}{2}C_p(O_2) - C_p(H_2O)$$

$$H_2O 的 \Delta H_{298K}^{\ominus} = -285.81 kJ \cdot mol^{-1}$$

$$\Delta G_{298K}^{\ominus} = -237.32 kJ \cdot mol^{-1}$$

H_2、O_2、H_2O 的 $S^\ominus$ 为：

$$S^\ominus_{298K}(H_2) = 130.67 J \cdot mol^{-1} \cdot K^{-1}$$

$$S^\ominus_{298K}(O_2) = 205.10 J \cdot mol^{-1} \cdot K^{-1}$$

$$S^\ominus_{298K}(H_2O) = 66.53 J \cdot mol^{-1} \cdot K^{-1}$$

电解水时在 80℃（即 353K）下进行，由上述关系求出反应的

$$\Delta H^\ominus_{353K} = -283.68 kJ \cdot mol^{-1}$$

$$\Delta S^\ominus_{353K} = 172.37 J \cdot mol^{-1} \cdot K^{-1}$$

$$\Delta G^\ominus_{353K} = -222.80 kJ \cdot mol^{-1}$$

$$E^\ominus_{D,353K} = -\frac{\Delta G^\ominus_{353K}}{2F} = 1.154 V$$

a_{H_2O} 由电解液与纯水的蒸气压之比来求得（详查拉乌尔定律）。80℃时，

$a_{H_2O} = 289.1 mmHg/355.1 mmHg = 0.814$，其中 $1 mmHg = 133.3224 Pa$

$$P_{H_2} + P_{H_2O} = 1$$

$$P_{H_2} = 1 - P_{H_2O} = 1 - \frac{289.1}{760} = 0.620 atm (1 atm = 101325 Pa)$$

同理可得，$P_{O_2} = 0.620 atm$

因此，$E_D = 1.154 + \dfrac{8.314 \times 353.2}{2 \times 96500} \ln \dfrac{(0.620) \times (0.620)^{1/2}}{0.814} = 1.146 V$

第三节　电位-pH 图

电化学体系的热力学反应平衡与条件变化的关系可用图解法来研究。根据能斯特方程和质量作用定律，应用标准电极电位、平衡常数等得出的电位-pH 图（法国 Pourbaix 首先提出）。这种图首先用于研究金属腐蚀和防腐，现已推广到物质分离与提取、溶液净化、电解、电镀和电池等方面。电位-pH 图属于电位-pX 图的一种，X 可以是卤素离子也可以是氧离子。例如在熔盐体系中有电位-pO^{2-} 图，可预测金属氯化物熔体中金属氧化物选择性溶解的可能性。

根据有没有 H^+（或 OH^-）和电子参加反应，可将在水溶液中的反应分为如下三类：

① 只有 H^+ 参加的反应，例如：$Fe(OH)_2 + 2H^+ \Longrightarrow Fe^{2+} + 2H_2O$。

② 只有电子，没有 H^+ 参加的反应，例如：$Fe^{3+} + e^- \Longrightarrow Fe^{2+}$。

③ H^+ 和电子皆参加的反应，例如：$MnO_4^- + 8H^+ + 5e^- \Longrightarrow Mn^{2+} + 4H_2O$。

把上述反应用一通式来表示：

$$bB + rR + \omega H_2O + hH^+ + ne^- = 0$$

$$E = E^\ominus + \frac{RT}{nF}\ln(a_B^b \cdot a_R^r \cdot a_{H_2O}^\omega \cdot a_{H^+}^h)$$

作为溶剂的水，其活度可视为 1（详查拉乌尔定律、亨利定律），则上式变为：

$$E = E^\ominus + \frac{RT}{nF}\ln(a_B^b \cdot a_R^r \cdot a_{H^+}^h) = E^\ominus + \frac{RT}{nF}(b\ln a_B + r\ln a_R) - \frac{2.303RTh}{nF}\text{pH}$$

若没有 H^+ 参加反应，则变为：

$$E = E^\ominus + \frac{RT}{nF}(b\ln a_B + r\ln a_R)$$

若没有电子参加反应，则反应关系为：

$$a_B^b \cdot a_R^r \cdot a_{H^+}^h = K$$

$$\frac{1}{2.303h}(b\ln a_B + r\ln a_R - \ln K) = \text{pH}$$

电位-pH 图的纵坐标为平衡电极电位，横坐标为 pH 值。整个图由水平线、垂直线和斜线组成。这三种线将坐标面划分成若干区域，分别代表不同的热力学稳定区域。**垂直线表示一个无电子参加的反应的平衡与 pH 的关系。水平线表示一个与溶液 pH 值无关的氧化还原反应的平衡电极电位值。斜线表示一个氧化还原反应既有电子参加，又有 H^+ 或 OH^- 参加时，其平衡电极电位与 pH 的关系。**

因为每一平衡电极电位都与其离子浓度有关，故上述三种直线都不是一根线，而是一组平行线。通常都**在线旁标以数字表示离子浓度的对数值**，若离子浓度为 10^{-2} mol·L^{-1}（设浓度等于活度）时就标以"-2"。当离子浓度小于 10^{-6} mol·L^{-1} 时，可视为不溶，故最多标到"-6"。各线的交点表示两种以上不同价态物质的共存条件。

例：以 $Mg-H_2O$ 体系说明电位-pH 图。该体系有如下反应：

$$Mg^{2+} + 2e^- \longrightarrow Mg$$

$$Mg(OH)_2 + 2H^+ + 2e^- \longrightarrow Mg + 2H_2O$$

$$Mg^{2+} + 2H_2O \Longrightarrow Mg(OH)_2 + 2H^+$$

25℃时相应的平衡关系为：

$$E = -2.363 + 0.0295\lg a_{Mg^{2+}}$$

$$E = -1.862 - 0.0591\text{pH}$$

$$\lg a_{Mg^{2+}} = 16.95 - 2\text{pH}$$

按这三个方程式得到的电位-pH 图如图 5-5 所示。图中还有 ⓐ、ⓑ 两条虚线，分别代表水的还原和氧化的平衡。

$$2H^+ + 2e^- \longrightarrow H_2 \qquad\qquad E = -0.0591\text{pH}$$

$$4H^+ + O_2 + 4e^- \longrightarrow 2H_2O \qquad\qquad E = 1.229 - 0.0591pH$$

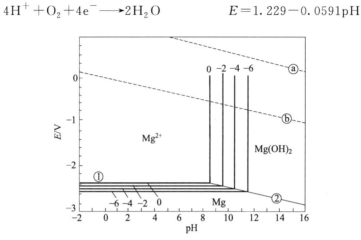

图 5-5 Mg-H_2O 体系的电位-pH 图

利用 Pb-H_2SO_4-H_2O 体系的电位-pH 图（图 5-6），可以分析铅蓄电池的自放电原因，讨论电池极板制造过程中的一些问题。

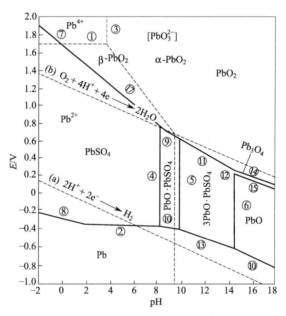

图 5-6 Pb-H_2SO_4-H_2O 体系的电位-pH 图

金属的电位-pH 图在电池和腐蚀科学中有着广泛的应用，但也有其局限性，它只能从热力学的角度预示反应发生的可能性，而不能预示反应的动力学，即反应的速率及其影响因素。

第四节 电动势的测定及其应用

一、电动势的测定

必须在可逆条件下测定电动势，才能得到具有热力学意义的数值。实际上如果微量电流通过电池，正反两方向的电池反应没有可察觉的变化时，便可认为是可逆的。具有内阻 R 的内电池，它与一个具有输入电阻 R 的电表测量电压装置连接时，则流过电池的电流 $I = E_{电池}/(R_内 + R_{电表})$

实验电压 $\quad E_测 = IR_{电表}$

因而 $\quad\quad E_测 = E_{电池} R_{电表}/(R_内 + R_{电表})$

若 $R_{电表}$ 比 $R_内$ 大得多，则可认为 $E_测 = E_{电池}$。

两种测量电动势的方法：①电位计；②伏特表。

二、参比电极

理想的参比电极应具备的性质：

① 电极反应可逆，服从能斯特方程；

② 稳定性好，重现性好；

③ 通过微小电流，电位迅速恢复原来数值；

④ 电位随温度变化小，即温度系数小；

⑤ 制备、使用和维护简便；

⑥ 类似银-氯化银电极，要求固相溶解度很小。

在水溶液中符合上述要求的一般有氢电极、甘汞电极、硫酸亚汞电极、氧化汞电极、银-氯化银电极，在熔盐中有氯电极、银电极。在电化学工业或防腐技术中也用简单金属电极作为参比电极，例如铜放在硫酸铜溶液中构成的电极。

在选择参比电极时，除考虑上述各点要求外，还应考虑到电解液的相互影响。在酸性溶液中最好选用氢电极和甘汞电极（弱酸性）。在含氯离子的溶液中最常选用甘汞电极和银-氯化银电极。在含硫酸根离子的溶液中可用硫酸亚汞电极。在熔融氯化物熔解中，可用氯电极或银电极。参比电极使用较长时间之后，电位可能发生变化，应定期校正。

水溶液中常用的参比电极：

1. 氢电极

氢电极有一般氢电极（NHE，已弃用）、标准氢电极（SHE）和可逆氢电极（RHE），可逆氢电极是可逆性最好的电极之一。适宜的制备方法能使电位偏差小于 $10\mu V$。其结构如图 5-7 所示。氢电极的实际电位为：

$$E = \frac{RT}{F}\ln a_{H^+} + \frac{RT}{2F}\ln \frac{760}{p - p_\omega}$$

式中，第二项为校正水蒸气压的影响；p 为气压计读数（汞柱高度）；p_ω 为测定温度下的水蒸气压。

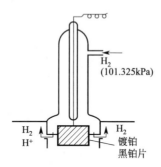

图 5-7 氢电极的结构

2. 甘汞电极

甘汞电极 $Cl^-\mid Hg_2Cl_2$，Hg，结构如图 5-8 所示，其电极反应为 $Hg_2Cl_2(s) + 2e^- \longrightarrow 2Hg + 2Cl^-$。相应的电位为：

$$E = E^\ominus - \frac{RT}{F}\ln a_{Cl^-}$$

式中 $E^\ominus = 0.2680V$（25℃）。甘汞电极有三种，它们的电位计算公式为：

$$0.1 mol \cdot L^{-1} KCl \qquad E = 0.3337 - 0.7 \times 10^{-4}(t - 25)$$
$$1.0 mol \cdot L^{-1} KCl \qquad E = 0.2800 - 2.4 \times 10^{-4}(t - 25)$$

饱和 KCl（简写 SCE）

$$E = 0.2415 - 7.6 \times 10^{-4}(t - 25)$$

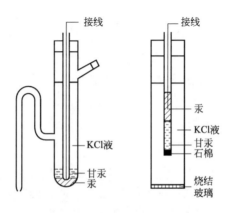

图 5-8 甘汞电极的结构

3. 银-氯化银电极

银-氯化银电极的制备：在铂电极上涂上 Ag_2O 糊状物，烘干后在 450℃加热 1.5h，然后在 $0.1mol \cdot L^{-1}$ 的 HCl 或 $0.1mol \cdot L^{-1}$ 的 KCl 中阳极极化（$0.4mA \cdot cm^{-2}$）30min，即可得 $Cl^{-1}|AgCl$，Ag 电极。

电极反应为：$AgCl(s)+e^- \Longrightarrow Ag+Cl^-$，不同温度下 $E^\ominus$ 的计算公式：

$$E^\ominus = 0.23659 - 4.856 \times 10^{-4}t - 3.421 \times 10^{-6}t^2 + 5.869 \times 10^{-9}t^3$$

式中温度 t 单位为℃。

银-氯化银电极的溶液通常为 $3.5mol \cdot L^{-1}$ 的 KCl，25℃的 $E^\ominus$ 为 0.205V。

4. 硫酸亚汞电极

电极反应：
$$Hg_2SO_4(s)+2e^- \longrightarrow 2Hg+SO_4^{2-}$$

电位：
$$E = E^\ominus - \frac{RT}{2F}\ln a_{SO_4^{2-}}$$

$$E^\ominus = 0.63495 - 781.44 \times 10^{-6}t - 426.89 \times 10^{-9}t^2$$

5. 氧化汞电极

氧化汞电极常用于强碱溶液中作为参比电极。

电极反应：
$$HgO+H_2O+2e^- \longrightarrow Hg+2OH^-$$

电位：
$$E = E^\ominus - \frac{RT}{F}\ln a_{OH^-}$$

不同温度下，几种氧化汞电极的电位分别为：

$0.1mol \cdot L^{-1}KOH|HgO,Hg \qquad E = 0.1100 - 0.00011(t-25)$

$1.0mol \cdot L^{-1}NaOH|HgO,Hg \qquad E = 0.1135 - 0.00011(t-25)$

$0.1mol \cdot L^{-1}NaOH|HgO,Hg \qquad E = 0.1690 - 0.00007(t-25)$

三、有关物理化学数据的求算

1. 求算热力学函数

测定电池电动势，采用下列公式：

$$\Delta G = -nFE$$

$$\Delta H = -nFE + nFT\left(\frac{\partial E}{\partial T}\right)_p$$

$$\Delta S = (\Delta H - \Delta G)/T$$

2. 电解质活度系数和标准电动势的测定

电池： $Pt|H_2(1atm)|HCl(c)|AgCl,Ag$（$c$ 代表不同浓度）

电池反应：
$$\frac{1}{2}H_2 + AgCl \Longrightarrow Ag(s) + HCl$$

电动势：
$$E = \left(E_{\mathrm{Cl^-/AgCl,Ag}}^{\ominus} + \frac{RT}{F}\ln\frac{1}{a_{\mathrm{Cl^-}}}\right) - \left(E_{\mathrm{H^+/H_2}}^{\ominus} + \frac{RT}{F}\ln a_{\mathrm{H^+}}\right)$$

$$= E_{\mathrm{Cl^-/AgCl,Ag}}^{\ominus} - \frac{RT}{F}\ln a_{\mathrm{H^+}}a_{\mathrm{Cl^-}}$$

$$= E_{\mathrm{Cl^-/AgCl,Ag}}^{\ominus} - \frac{2RT}{F}\ln\gamma_{\pm}c \; (\gamma \text{ 为各种不同浓度下的平均离子活}$$

度系数）

25℃时，$E_{\mathrm{Cl^-/AgCl,Ag}}^{\ominus} = 0.1183\lg\gamma_{\pm} + E + 0.1183\lg c$

$c \to 0$，$\gamma_{\pm} \to 1$ 时，$E_{\mathrm{Cl^-/AgCl,Ag}}^{\ominus} = (E + 0.1183\lg c)_{c \to 0}$

以实测的 $E + 0.1183\lg c$ 为纵坐标，以 c 或为 $c^{1/2}$ 为横坐标（用 $c^{1/2}$ 较好，因溶液很稀时 $\lg\gamma$ 与 $c^{1/2}$ 呈线性关系）作图，将所得线外推到 $c = 0$ 处，截距为 $E^{\ominus}$（0.223V）。

3. 平衡常数的测定

通过测定电池电动势求得的平衡常数有弱酸和弱碱的电离常数、水的离子积、溶度积、配合物的稳定常数等。

(1) 难溶盐的溶度积

电池： $\mathrm{Ag | AgNO_3}(m) \parallel \mathrm{KCl}(m') | \mathrm{AgCl, Ag}$

电池反应： $\mathrm{AgCl} = \mathrm{Ag^+ + Cl^-}$

电动势： $E = E^{\ominus} - \frac{RT}{F}\ln(a_{\mathrm{Ag^+}} a_{\mathrm{Cl^-}})$ $E^{\ominus} = \frac{RT}{F}\ln K_{\mathrm{sp}}$

因 $\mathrm{AgCl(s)}$ 的活度为 1（详查拉乌尔定律亨利定律），且溶液很稀，所以 K_{sp} 就是 25℃时的溶度积。

$E^{\ominus} = E_{\mathrm{Cl^-/AgCl,Ag}}^{\ominus} - E_{\mathrm{Ag^+/Ag}}^{\ominus} = 0.2224\mathrm{V} - 0.7991\mathrm{V} = -0.5767\mathrm{V}$，由此可求得 $K_{\mathrm{sp}} = 1.78 \times 10^{-10}$。

(2) 配合物的稳定常数　例如，求反应 $\mathrm{Th^{4+}}$（熔体）$+ 6\mathrm{F^-}$（熔体）$= \mathrm{ThF_6^{2-}}$（熔体）的稳定常数。

$$K_{c,\text{稳}} = c_{\mathrm{ThF_6^{2-}}} / c_{\mathrm{Th^{4+}}} \times c_{\mathrm{F^-}}^6$$

平衡电位：
$$E = E_{\mathrm{Th^{4+}/Th}}^{\ominus\prime} + \frac{RT}{4F}\ln c_{\mathrm{Th^{4+}}}$$

当熔体中含钍的浓度很低时，近似认为 $\gamma_{\mathrm{Th^{4+}}}$ 为常数。

4. 化合物的测定

电池：

$$\mathrm{Hg} \left| \begin{array}{c} \mathrm{HNO_3} \, 0.1\mathrm{mol \cdot dm^{-3}} \\ \text{硝酸汞} \, 0.263\mathrm{mol \cdot dm^{-3}} \end{array} \right\| \left. \begin{array}{c} \mathrm{HNO_3} \, 0.1\mathrm{mol \cdot dm^{-3}} \\ \text{硝酸汞} \, 2.63\mathrm{mol \cdot dm^{-3}} \end{array} \right| \mathrm{Hg}$$

测得在 18℃时的 $E=29\mathrm{mV}$，求亚汞离子的存在形式。

设硝酸亚汞的存在形式为 Hg_2^{2+}，则电池反应为：

$$2NO_3^-[a_1(NO_3^-)]+Hg_2(NO_3)_2\{a_2[Hg_2(NO_3)_2]\}\longrightarrow$$
$$2NO_3^-[a_2(NO_3^-)]+Hg_2(NO_3)_2\{a_1[Hg_2(NO_3)_2]\}$$

电池电动势为：

$$E=-\frac{RT}{zF}\ln\frac{a_2^2(NO_3^-)a_1[Hg_2(NO_3)_2]}{a_1^2(NO_3^-)a_2[Hg_2(NO_3)_2]}$$

作为估算，可以取 $a_1(NO_3^-)=a_2(NO_3^-)$；$a_1[Hg_2(NO_3)_2]\approx\dfrac{c_1[Hg_2(NO_3)_2]}{c^\ominus}$

$$a_2[Hg_2(NO_3)_2]\approx\frac{c_2[Hg_2(NO_3)_2]}{c^\ominus}$$

$$E=-\frac{RT}{zF}\ln\frac{a_2^2(NO_3^-)a_1[Hg_2(NO_3)_2]}{a_1^2(NO_3^-)a_2[Hg_2(NO_3)_2]}$$

$$=-\frac{8.314\times291.15}{2\times96500}\ln\frac{0.263}{2.63}=29\mathrm{mV}$$

所以硝酸亚汞的存在形式为 Hg_2^{2+}。

5. 离子迁移数的测定

设有如下两个电池：

$$Ag(A),AgCl\,|\,LiCl(m_1)\,|\,LiCl(m_2)\,|\,AgCl,Ag(B)$$

相应的电动势为：$E_A=2t_+\dfrac{RT}{F}\ln\dfrac{a_{\pm,1}}{a_{\pm,2}}$，$E_B=2t_+\dfrac{RT}{F}\ln\dfrac{a_{\pm,1}}{a_{\pm,2}}$

式中，$a_{\pm,1}$、$a_{\pm,2}$ 分别表示 $LiCl(m_1)$、$LiCl(m_2)$ 两种不同浓度电解液中阴、阳离子的活度，$a_\pm=\sqrt{a_+a_-}=\gamma_\pm m$，两式相除得 Li 的迁移数：$t_+=E_A/E_B$。

由于迁移数随浓度而变，故上式表示为 $t_\pm=\mathrm{d}E_A/\mathrm{d}E_B$ 更合理。在上述两电池中保持 m_1，改变 m_2，测得一系列 E_A 和 E_B，作 E_A-E_B 曲线。曲线上任一点的斜率就是在各种浓度下的 $t_\pm$。

四、电动势测定在分析化学上的应用

1. pH 的测定

在测定溶液 pH 的方法中，电动势应用最广而且最精确。测定溶液 pH 的指示电极有三种：氢电极、氢醌电极[$C_6H_4O_2+2H^++2e^-\Longrightarrow C_6H_4(OH)_2$] 和玻璃电极。若用于工厂控制 pH，则可用氧化锑电极（$Sb_2O_3+6H^++6e^-\Longrightarrow 2Sb+3H_2O$），此电极制作简单，但数值不够精密。玻璃电极是最常用的，它是一种氢离子选择电极。玻璃电极膜的组成一般是 $72\%SiO_2+22\%Na_2O+6\%$ CaO。测定 pH 值的范围是 1～9。如果采用锂玻璃，可测定 pH 的范围为 1～12。用玻璃电极与饱和甘汞电极组成如下电池测定未知溶液的 pH。

$$（-）Ag,AgCl|0.1mol \cdot L^{-1}\ HCl|玻璃膜|试液 \parallel 饱和\ KCl|Hg_2Cl_2,Hg（+）$$

$$\underbrace{\qquad}_{\varphi_M}$$

$$\underbrace{\text{玻璃电极}}_{\varphi_{\overline{\text{不}}}}\quad\underbrace{\begin{array}{c}\varphi_L\\[2pt]\text{饱和甘汞电极}\\（\text{SCE}）\end{array}}$$

此原电池的电动势为：

$$\begin{aligned}
\varphi &= \varphi^{\ominus}_{Hg_2Cl_2/2Hg} - \varphi_{玻} + \varphi_L + \varphi_{\overline{不}}\\
&= \varphi^{\ominus}_{Hg_2Cl_2/2Hg} - (\varphi_{AgCl/Ag} + \varphi_M) + \varphi_L + \varphi_{\overline{不}}\\
&= \varphi^{\ominus}_{Hg_2Cl_2/2Hg} - (\varphi_{AgCl/Ag} + k' - 0.059pH) + \varphi_L + \varphi_{\overline{不}}\\
&= \varphi^{\ominus}_{Hg_2Cl_2/2Hg} - \varphi_{AgCl/Ag} - k' + \varphi_L + \varphi_{\overline{不}} + 0.059pH\\
&= K' + 0.059pH
\end{aligned}$$

式中，$K'=\varphi^{\ominus}Hg_2Cl_2/2Hg-\varphi AgCl/Ag-k'+\varphi_L+\varphi_{\overline{不}}$；$\varphi_L$ 为液体接界电位；$\varphi_{\overline{不}}$ 为不对称电位；φ_M 为膜电位。

测定中为使 K' 保持为常数，应使用同一台 pH 计（酸度计），同一组玻璃电极和饱和甘汞电极，保持恒温，并使 pH 标准溶液和待测试液中的 H^+ 活度相接近。

测定时常采用比较法，即先测定已知 pH 值标准溶液的电动势 φ_S 对 pH 计进行校正；然后再测未知 pH 值的待测试液的电动势 φ_X，通过计算可求出待测试液的 H^+ 活度。

$$\varphi_S = K' + 0.059pH_S$$

$$\varphi_X = K' + 0.059pH_X$$

二式相减：

$$pH_X = pH_S + \frac{\varphi_X - \varphi_S}{0.059}$$

说明待测溶液的 pH 是以标准 pH 缓冲溶液的 pH_s 为标准。从上式看出，标准溶液与待测溶液差 1 个 pH 值单位时，电动势差 0.05916V（25℃）。将电动势的变化（伏特）直接以 pH 值间隔刻出，就可以进行直读。所用标准缓冲溶液的 pH_S 值和待测溶液的 pH_X 值相差不宜过大，最好在 3 个 pH 值单位以内。

2. 电位滴定

对于有色或混浊的溶液，没有适当指示剂的情况下，采用一般容量分析滴定方法是较困难的。电位滴定利用了可逆电池电动势随溶液浓度的变化关系（即能斯特方程），在滴定化学计量点前后，溶液中离子浓度往往连续变化几个数量级，从而使电动势变化很大（如图 5-9），由此可确定化学计量点。

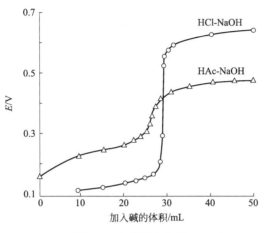

图 5-9　电位滴定曲线

除酸碱滴定外，氧化还原滴定、络合滴定和沉淀滴定都可以利用电位法来进行。

3. 电压传感器测定氧

许多工业过程的基本反应都涉及氧，例如燃料的燃烧、金属的提取与精炼，因此氧的浓度是个重要的参数，常常要测量和监控它。用固体电解质氧化锆制成的测氧仪，可测混合气体中含氧量、钢液中含氧量，此测氧仪的传感器由下列浓差电池组成：

参比气（$p_氧^*$），Pt｜固体氧化物电解质｜Pt，被测气（$p_氧$）

固体氧化物可用 ZrO_2 或 $ZrO_2 \cdot CaO$，其结构如图 5-10 所示。

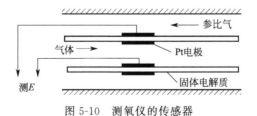

图 5-10　测氧仪的传感器

设电池的电动势

$$E = \frac{RT}{4F} \ln \frac{p_氧^*}{p_氧}$$

$p_氧^*$ 为已知量，故由测得的 E 可知氧的分压，根据 $p_氧 = (n/V)RT$，便可计算出氧的浓度 (n/V)。

第六章

电极过程动力学

电极反应往往是相当复杂的过程，电极反应动力学的任务就是根据实验事实，包括利用各种稳态技术和暂态技术的电化学研究方法获得各类极化曲线和电化学参数，以及利用各种非电化学方法所得信息推断反应历程和"速率控制步骤"（简称速控步），得出动力学方程，并与根据动力学理论得到的各个基元步骤的动力学特征进行对比，从而推论出合理的电极反应机理，以便最终为生产实际提供控制电化学过程的依据。

第一节　双电层及其结构

一、双电层的类型及结构模型

电极和溶液接触后，在电极和溶液的相界面会自然形成双电层，这是电量相等而符号相反的两个电荷层。

1. 双电层的类型

双电层分类如下：

① 离子双电层，由电极表面过剩电荷和溶液中与之带相反电荷的离子组成。一层在电极表面，一层在贴近电极的溶液中。

② 偶极双电层，由在电极表面定向排列的偶极分子组成。

③ 吸附双电层，由吸附于电极表面的离子电荷，以及由这层电荷所吸引的另一层离子电荷组成。

偶极双电层与吸附双电层均存在于一个相中。

双电层的厚度：小则几个纳米，大则几百个纳米。

双电层中的电容一般在 $0.2\sim0.4F\cdot m^{-2}$，电场强度在一定条件下可以高达 $10^8V\cdot m^{-1}$ 以上。

2. 双电层的结构模型

(1) 平板电容器模型（或紧密双电层模型，Helmhotlz 于 19 世纪末提出）　把双电层看作平板电容器，电极上的电荷位于电极表面，溶液中的电荷集中排列在贴近电极的一个平面上，构成紧密层。

(2) 分散双电层模型（Guoy 和 Chapman 于 20 世纪初提出）　认为溶液中的离子电荷不是集中而是分散的，分散规律遵循 Boltzmann 分布。

(3) Stern 模型（Stern 于 1924 年提出）　综合了上述两个模型中的合理部分，认为溶液中离子分为两层，一层排列在贴近电极的一个平面上，另一层向溶液本体方向扩散，即分为紧密层和分散层两层。因此，双电层的电位差为分散层电位差 ψ 和紧密层电位差 $(\varphi-\psi)$ 之和。双电层电容由紧密层电容 $C_{紧}$ 和分散层电容 $C_{分}$ 串联而成。

图 6-1 是上述三种模型的图像，图中的垂直虚线为紧密层所在平面，阴影处代表电极，图中曲线为双电层的电位分布。

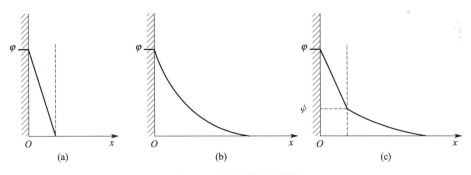

图 6-1　双电层结构模型

(a) 平板电容器模型；(b) 分散双电层模型；(c) Stern 模型

在 Stern 之后，很多研究者对紧密层的结构进行了探讨。他们考虑了双电层的介电常数和电场强度的联系。Bockris 等认为，当紧密层与电极表面之间电场强度较大时，紧密层中包含了一层水分子偶极层，这层水分子在一定程度上定向吸附在电极表面上。双电层图像如图 6-2(a) 所示，第一层为水分子偶极层，第二层为水化离子层。除了静电力之外，在电极和溶液的界面上还存在非静电力，发生离子或分子在电极上的非静电吸附，这种吸附常称为**特性吸附**，如图 6-2(b) 所示。图 6-2 中 IHP 和 OHP 分别称为是内、外亥姆霍兹层。

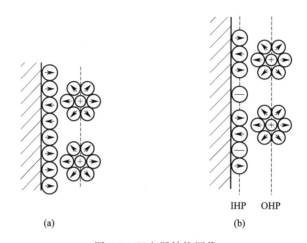

IHP   OHP

图 6-2   双电层结构图像

(a) 紧密层的结构（无特性吸附）；(b) 存在特性吸附的双电层结构

二、双电层电流过程及其表征

1. 双电层电流过程

电流通过电极与溶液界面时发生两类过程。

(1) 充电过程   使电极表面电荷密度发生变化，从而改变双电层结构。所消耗的电流称为充电电流或电容电流（I_c）。

(2) 法拉第过程   发生电极反应。因物质反应量与电量的关系服从法拉第定律，故所消耗的电流称为法拉第电流（I_f）。一般来说，通过电极的电流为充电电流和法拉第电流之和：

$$I = I_f + I_c$$

2. 理想极化电极

通电时不发生电极反应，全部电量用于改变双电层荷电状态的电极。在一定电位范围内可以找到基本符合理想极化电极条件的电极体系。例如纯汞与经过去除了氧以及其他氧化还原杂质的 KCl 溶液接触时，电位在 $-1.6 \sim +0.1 \text{V}$ 时可以认为是理想极化电极。因此研究双电层时，常采用汞电极。

3. 微分电容曲线和电毛细曲线

电极通电时，双电层被充电，其结果是双电层的电容以及电极/溶液界面张力将随电位而变化。微分电容随电位变化的曲线称为**微分电容曲线**，如图 6-3。界面张力随电位变化的曲线称为**电毛细曲线**。

电极通入 dQ 的电量，引起电位改变 dE，此时双电层的微分电容便可表示为 $C_d = dq/dE$。

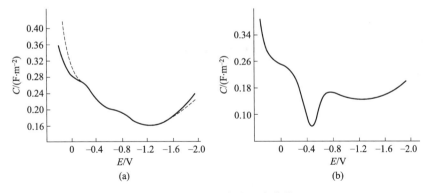

图 6-3　双电层的微分电容曲线

（a）$0.1 \text{mol} \cdot \text{L}^{-1} \text{NaF}$ 的微分电容曲线；（b）$0.001 \text{mol} \cdot \text{L}^{-1} \text{NaF}$ 的微分电容曲线

由 Stern 模型，推导出分散层的微分电容：

$$C_d = \frac{dq}{d\psi} = \frac{|z|F}{RT} \left(\frac{\varepsilon RT c^0}{2\pi} \right)^{1/2} \cosh \left(\frac{|z|\psi F}{2RT} \right)$$

式中，z 表示电荷数，c^0 表示溶液中反应离子浓度。

三、电毛细曲线与零电荷电位的测定

1. 电毛细曲线

电毛细曲线可用毛细管静电计测定，通常有**无特性吸附和特性吸附两种情况**。

（1）无特性吸附情况　典型的电毛细曲线如图 6-4 所示，σ 的物理意义可作如下解释：开始时溶液一侧由阴离子构成双电层，随着电位负移，电极表面的正电荷减少，引起界面张力增加。当表面电荷变为零，界面张力达到最大值，相应的电位称为**零电荷电位**，以 E_z 表示。当电位继续负移，电极表面电荷带负电，由阳离子代替阴离子组成双电层。随着电位不断负移，界面张力不断下降。因此，电毛细曲线呈抛物线状。

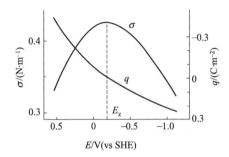

图 6-4　汞电极上的界面张力（σ）与表面电荷密度（q）随电极电位的变化

当溶液组成一定时，界面张力与电极电位有如下关系：

$$d\sigma/dE = -q$$

这就是李普曼（Lippmann）公式。界面张力对电位微商得到了电荷密度，如图 6-4 所示。从图中可见，E 大于 E_z 时，σ 负移而增加，q 为正值；E 等于 E_z 时，$\sigma = \sigma_{max}$，$q = 0$；E 小于 E_z 时，σ 随 E 负移而下降，q 为负值。

因 $C_d = dq/dE$，故由李普曼公式可把 σ、q、C_d 联系起来，即 $d\sigma/dE = -q$，在零电荷电位时，界面张力最大，微分电容最小。

（2）特性吸附情况 电毛细曲线有三种类型，如图 6-5 所示。从图中可见，阴离子吸附对左分支影响很大，使 E_z 负移；阳离子吸附则改变了曲线的右分支，使 E_z 正移；中性有机分子则在 E_z 附近表面张力下降，削去了电毛细曲线的极大峰。电位向两分支移动，达到一定电位时，吸附作用被抑制，曲线重合为一。

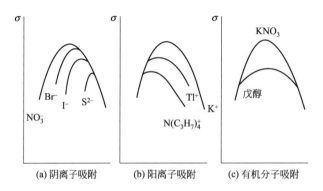

(a) 阴离子吸附　　　(b) 阳离子吸附　　　(c) 有机分子吸附

图 6-5　存在特性吸附时的电毛细曲线

在汞电极上，某些无机阴离子吸附能力的顺序为：

$$S^{2-} > I^- > SCN^- > Br^- > Cl^- > OH^- > SO_4^{2-} > F^-$$

在不同金属表面上，这一顺序也不完全相同，例如在金电极上 OH^- 的吸附比 Cl^- 强。RN^+、Tl^+、La^{3+}、Th^{4+} 都是表面活性阳离子，但通常它们的吸附作用不如阴离子那样显著。

2. 零电荷电位

零电荷电位可以用电毛细曲线和稀溶液的微分电容曲线来测定，各种金属即使在相同条件的溶液中，它们的 E_z 数值也相差很大。两种处在 E_z 下的金属组成的电池，其电动势并不等于零。

不可能用零电荷电位确定绝对电位值，因为离子双电层电位差消失了，还可能有离子特性吸附、偶极分子定向排列、金属表面层中原子极化引起的电位差。**可以利用零电荷电位判断表面电荷的正负**，而电极表面带正电或带负电对电化学过程有很大的影响，故零电荷电位具有实际意义。若以 E_z 作为零点，则 $E-E_z=\varphi$，为离子双电层的电位差。当 $\varphi>0$ 时，电极表面带正电荷；$\varphi=0$ 时，电极表面没有剩余电荷；$\varphi<0$ 时电极表面带负电荷。

第二节　极化和电极过程

电极反应速率 $v=I/nF$，其大小以电流密度表示。电流密度的大小与电极电位有关，因而电极反应速率是电极电位的函数。换言之，电流通过电极会引起电位的变化。如果反应很快，则电极电位几乎不变；若反应较慢，则电极积累了转移进来的电荷，电极电位将发生变化。

一、极化和稳态极化曲线的测量

1. 极化的概念

极化：电流流过电极时电极电位偏离平衡电位的现象。

电极电位的测量：如图 6-6 所示，图 6-6(a) 是开路的，电极没有电流流过。假定溶液中的离子和电极材料（例如 $NiSO_4$ 溶液和 Ni 电极）之间处于热力学平衡状态，这时用参比电极测出的电位是平衡电极电位，其值可用能斯特方程计算。(b) 是闭路的，当接通电源后，电子从阳极经外电路流到阴极，两个电极都处于极化状态，这时用参比电极测出的电极电位不再是平衡电极电位。

过电位（或超电势）：电流通过电极时，电极电位偏离平衡电位的数值，用 η 表示，以正值表示。η_K 表示阴极过电位，η_A 表示阳极过电位，E_e 表示平衡电位，E 表示极化电位。

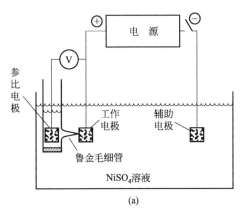
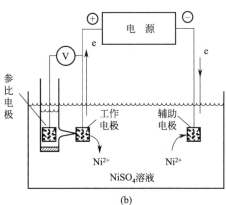

(a)　　　　　　　　　　　(b)

图 6-6　电极电位的测量

（a）测量平衡电位；（b）测量极化电位

　　阴极极化：阴极的电位比其平衡电位更负，$\eta_K = E_e - E$

　　阳极极化：阳极的电位比其平衡电位更正，$\eta_A = E - E_e$

　　极化曲线：电流密度与电位变化的关系曲线。电流密度是电极反应速率的一种表达，极化曲线直观地显示了电极反应速率与电极电位的关系。

　　极化度：极化曲线上某一电流密度下电位的变化率 $\Delta E/\Delta i$。极化度大，电极反应的阻力大；极化度小，电极反应的阻力小。在同一曲线上，不同的电流密度下极化度可以不同，也就是说，在不同的电流密度下电极反应的阻力不同。

　　极化曲线可从电解池或原电池的电极测定。

　　图 6-7 是极化曲线的示意图。从图中可见，对电解池而言，随着电流的增大，电解池两电极之间的电位差增大，说明欲增加电解电流，则需增大外加电压，需消耗更多的电能。

　　对原电池而言，阳极的电位比阴极的电位负，则阳极极化曲线在阴极极化曲线的右边。原电池两电极之间的电位差随着电流的增大而减少，此电位差就是原电池的输出电压，说明了放电电流越大，原电池能做的电功越小。

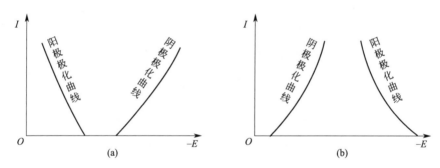

图 6-7　极化曲线示意图

（a）电解池的极化曲线；（b）原电池的极化曲线

2. 稳态极化曲线的测量

　　极化曲线：表示 i 与 η 的关系、$\lg i$ 与 η 的关系的曲线。

　　极化曲线的测量：采用工作电极（或称研究电极）、辅助电极（或称对电极）、参比电极三电极体系。参比电极用来测量工作电极的电位，辅助电极用来通电使工作电极极化，如此测得的是单个电极的极化曲线。

　　极化曲线的测定方法如下：

　　（1）恒电流法　控制电流密度使其依次恒定在不同数值，测定每一恒定电流密度下的稳定电位，作 i-E 曲线。经典恒电流法是将高压直流电源与高电阻串联起来，使电流保持不变。但现在使用恒电位仪，既可恒电位也可恒电流。

　　（2）恒电位法　控制电极电位使其依次恒定在不同数值，测定每一恒定电位下的稳定电流。现在普遍使用恒电位仪，测定恒电位下的 E-i 曲线。对于单调函数的极化曲线，即对应一个电流密度只有一个电位的情况，可以用恒电流法或恒电位法来测量。但若有极大值的极化曲线（例如阳极钝化曲线），则只能用恒电位法测量。

自动测定极化曲线最常用的方法是慢电位扫描法。

欧姆电位降的消除：测定极化曲线必须尽可能消除工作电极与参比电极之间的欧姆电位降，常用方法是采用鲁金毛细管，或在恒电位仪中加入欧姆电阻补偿线路。但在溶液电阻较大时，这些措施效果不大，可用**间接法**测定极化曲线。间接法的原理就是先用恒电流使电极极化，达到稳态后，断掉电流，欧姆电位降随即消失。断电时间越短，测量的电极电位越可靠。一般来说在 10^{-6}s 内进行测量，引起误差不超过 0.01V。

二、电极过程和控制步骤

1. 电极过程

电极过程指与电极反应有关的步骤，它们在电极与溶液界面附近的液层里（合称电极表面区）。电极过程包括：

① 反应物向电极表面传质（迁移、扩散、对流）；

② 电子转移（或称电子传递、电荷传递）；

③ 产物离开电极或进入电极内部；

④ 电子转移前或电子转移后在溶液中进行的化学转化；

⑤ 表面反应，如吸附、电结晶、生成气体。

如果把电极过程的步骤按照进行的先后排列，可以用图 6-8 表示。

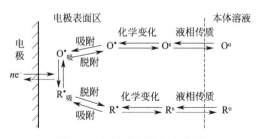

图 6-8 电极过程的各个步骤

具体到某一电极反应时，电极过程不一定包含上述所有步骤。例如，在 $\text{Zn(NH}_3)_3^{2+}$ 的槽液中电镀锌，阴极反应是 $\text{Zn(NH}_3)_3^{2+}$ 的还原，阳极反应是锌阳极的溶解，分别对应于电极反应：

阴极：$\qquad\qquad \text{Zn(NH}_3)_3^{2+} + 2e^- \longrightarrow \text{Zn} + 3\text{NH}_3$

阳极：$\qquad\qquad\qquad Zn+3NH_3 \longrightarrow Zn(NH_3)_3^{2+}+2e^-$

与阴极还原相对应的阴极过程包括：

① $Zn(NH_3)_3^{2+}$ 从溶液向电极扩散；

② $Zn(NH_3)_3^{2+}$ 到达电极前，在电极表面附近进行化学转化：

$$Zn(NH_3)_3^{2+} \longrightarrow Zn(NH_3)_2^{2+}+NH_3$$

③ $Zn(NH_3)_3^{2+}$ 在电极表面接受电子还原成锌原子 Zn；

④ Zn 在电极表面上进行电结晶。

与阳极氧化相对应的阳极过程包括：

① 锌阳极溶解产生 $Zn(NH_3)_2^{2+}$：

$$Zn+ 2NH_3 \longrightarrow Zn(NH_3)_2^{2+}+2e^-$$

② $Zn(NH_3)_2^{2+}$ 在电极表面进行化学转化：

$$Zn(NH_3)_2^{2+} +NH_3 \longrightarrow Zn(NH_3)_3^{2+}$$

③ $Zn(NH_3)_3^{2+}$ 向本体溶液扩散。

2. 控制步骤

在电极过程的几个步骤中，有的进行得较快，有的进行得较慢（单独考察这些步骤以作比较），**速度最慢的是电极过程的控制步骤**。当扩散步骤成为控制步骤时，相应的过电位称为**浓差过电位**；当电子转移或化学转化成为控制步骤时，相应的过电位称为**活化过电位**。也有把电子转移，即电化学步骤起控制作用时的过电位称为**电化学过电位**，而化学反应起控制作用时的过电位称为**反应过电位**。浓差越大，过电位越大；电子转移或化学转化需要的活化能越高，过电位也越大。特殊情况下，电极过程不只是一个速率控制步骤，还可能是两个控制步骤同时存在，这时过电位就包含了两方面的因素。

第三节　稳态扩散和浓差极化

电极过程从液相中的传质开始。液相传质是整个电极过程中的一个重要环节，因为液相中的反应粒子需要通过液相传质向电极表面不断地输送，而电极反应产物又需通过液相传质过程离开电极表面，只有这样，才能保证电极过程连续地进行下去。在许多情况下，液相传质不但是电极过程中的重要环节，而且可能成为电极过程的控制步骤，由它来决定整个电极过程动力学的特征。由此可见，研究液相传质动力学的规律具有非常重要意义。

一、液相传质及电极表面附近浓度的分布

液相传质有电迁移、扩散和对流三种方式，如图 6-9 所示。在离电极较远的地

方，v（液体流速）很大，dc/dx（浓度梯度）和 dE/dx（电位梯度）都很小，对流的贡献是主要的。而在紧贴电极表面处，$v \to 0$，dc/dx 和 dE/dx 都较大，电迁移和扩散的贡献是主要的。若往溶液中加入大量支持电解质（通常其浓度至少为反应物浓度的 100 倍），则可忽略电迁移的贡献而把传质只归功于扩散。实际上在通电过程中，对流是存在的，即发生对流扩散。

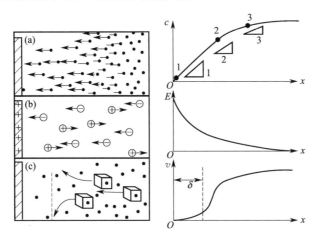

图 6-9　三种传质方式以及浓度、电位、速度分布

(a) 扩散；(b) 迁移；(c) 对流

扩散传质过程是在扩散层内发生的。通常把电极表面附近存在着浓度梯度的液层称为扩散层。扩散层和双电层的分散层是两个不同的概念。扩散层是电中性的，它比分散层厚得多。当溶液不太稀时扩散层的厚度为 $10^{-5} \sim 10^{-4}\,\text{m}$，而分散层的厚度为 $10^{-9} \sim 10^{-8}\,\text{m}$。图 6-10 表示阴极极化时电极表面附近液层中的浓度分布。图中 c^0 是本体溶液浓度，c^s 是电极表面处的浓度或称表面浓度。

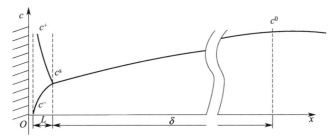

图 6-10　阴极极化时电极表面附近液层中的浓度分布

δ 是扩散层厚度；L 是分散层厚度

电极过程若是扩散控制的，可用能斯特方程计算电极电位。但这时浓度用 c^s 而不是用 c^0，所得结果是极化电位而不是平衡电位。对电极反应 $O + ne^- \rightleftharpoons R$，

氧化态 O 得到电子形成还原态 R。设阴极通电以前溶液中只有 O 存在。O 能否被还原取决于电位，如果电位太正，还原不能有效地进行；如果电位足够负，O 在电极表面处浓度降为零。如果电位不太正也不太负，则 O 和 R 在电极表面处的浓度比可以用能斯特方程计算：

$$E = E^{\ominus} + \frac{RT}{nF} \ln \frac{\gamma_O c_O^s}{\gamma_R c_R^s} = E^{\ominus\prime} + \frac{RT}{nF} \ln \frac{c_O^s}{c_R^s}$$

式中，c_O^s、c_R^s 为表面浓度；γ_R、γ_O 为活度系数。

注意：这里假定了电子转移步骤速度很快，电极过程由扩散控制，这也是研究稳态扩散与非稳态扩散的前提条件。

二、稳态扩散的电流和电位的关系

通电开始时，扩散层中各点的反应物浓度 $c = f(x, t)$。溶液中温度差与密度差引起对流，因此扩散层内各点的浓度很快达到不随时间变化的状态，即达到稳态扩散，浓度只是距离的函数，$c = f(x)$。

稳态扩散服从菲克（Fick）第一定律

$$J = -D \left(\frac{\partial c}{\partial x} \right)_x$$

式中，D 称为扩散系数，$m^2 \cdot s^{-1}$；c 为扩散物质（组元）的体积浓度，$kg \cdot m^{-3}$；$\partial c / \partial x$ 为浓度梯度；"$-$"号表示扩散方向为浓度梯度的反方向，即扩散组元由高浓度区向低浓度区扩散。扩散通量 J 的单位是 $kg \cdot m^{-2} \cdot s^{-1}$。

另外，

$$i = \frac{dQ}{A dt} = nF \frac{dm}{A dt}$$

而扩散电流密度与电极表面的浓度梯度 $(\partial c / \partial x)_{x=0}$ 有关，则

$$i = -nFD \left(\frac{\partial c}{\partial x} \right)_{x=0}$$

一般来说，浓度随距离的变化是非线性的，如图 6-11 中的实线所示。若把浓度梯度看作是均一的，则得到图 6-11 中被称为扩散层有效厚度的 $\delta_{有效}$，于是有

$$i = -nFD \left(\frac{c^0 - c^s}{\delta} \right)$$

当表面浓度降为零，电流密度达到极限时，称为极限电流密度 i_L。

$$i_L = -nFD \frac{c^0}{\delta}$$

习惯上以自溶液流向电极的还原电流为正电流。

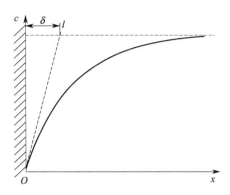

图 6-11　扩散层有效厚度（$\delta_{有效}$）的确定

三、稳态扩散下的阴极还原情况

第一种情况是还原产物不可溶。例如，金属电沉积。

$$O + n\,e^- =\!=\!= R(不可溶)$$

则能斯特方程写成：

$$E = E^\ominus + \frac{RT}{nF}\ln\gamma c_O^s$$

由电流密度与极限电流密度公式可得表面浓度和电流密度的关系：

$$c_O^s = c_O^0\left(1 - \frac{i}{i_L}\right)$$

代入能斯特方程得：

$$E = E^\ominus + \frac{RT}{nF}\ln\gamma c_O^0 + \frac{RT}{nF}\ln\left(1 - \frac{i}{i_L}\right) \approx E_e + \frac{RT}{nF}\ln\left(1 - \frac{i}{i_L}\right)$$

或

$$\eta_k = -\frac{RT}{nF}\ln\left(1 - \frac{i}{i_L}\right)$$

第二种情况是还原产物可溶。

$$O + n\,e^- =\!=\!= R(可溶)$$

电极表面上 R 的生成速率为 i/nF，而 R 的扩散流失速率为 $\pm D_R\left(\dfrac{\partial c_R}{\partial x}\right)_{x=0}$。

稳态时

$$i/nF = -D_R\left(\frac{\partial c_R}{\partial x}\right)_{x=0}$$

或

$$i/nF = -D_R\frac{c_R^s - c_R^0}{\delta_R}$$

故有

$$c_{\mathrm{R}}^{\mathrm{s}} = c_{\mathrm{R}}^{0} + \frac{i\delta_{\mathrm{R}}}{nFD_{\mathrm{R}}}$$

若反应前 R 不存在，$c_{\mathrm{R}}^{0} = 0$，则

$$c_{\mathrm{R}}^{\mathrm{s}} = \frac{-i\delta_{\mathrm{R}}}{nFD_{\mathrm{R}}}$$

$$c_{\mathrm{O}}^{\mathrm{s}} = \frac{i_{\mathrm{L}}\delta_{\mathrm{O}}}{nFD_{\mathrm{O}}}\left(1 - \frac{i}{i_{\mathrm{L}}}\right)$$

$$E = E^{\ominus} + \frac{RT}{nF}\ln\frac{\gamma_{\mathrm{O}}\delta_{\mathrm{O}}D_{\mathrm{R}}}{\gamma_{\mathrm{R}}\delta_{\mathrm{R}}D_{\mathrm{O}}} + \frac{RT}{nF}\ln\frac{i_{\mathrm{L}} - i}{i}$$

当 $i = i_{\mathrm{L}}/2$ 时

$$E_{1/2} = E^{\ominus} + \frac{RT}{nF}\ln\frac{\gamma_{\mathrm{O}}\delta_{\mathrm{O}}D_{\mathrm{R}}}{\gamma_{\mathrm{R}}\delta_{\mathrm{R}}D_{\mathrm{O}}}$$

$E_{1/2}$ 称半波电位，它是不随反应物质浓度改变而改变的常数。

$$E = E_{1/2} + \frac{RT}{nF}\ln\frac{i_{\mathrm{L}} - i}{i}$$

当 O、R 均可溶，结构又相似时，往往有 $\delta_{\mathrm{O}} \approx \delta_{\mathrm{R}}$，$D_{\mathrm{O}} \approx D_{\mathrm{R}}$，$E_{1/2} \approx E^{\ominus}$。

产物不溶和产物可溶时的极化曲线可用图 6-12(a)、(b) 表示。从半对数极化曲线的斜率 $2.3RT/nF$ [图 6-12(a′)、(b′)] 可求出参加反应的电子数。

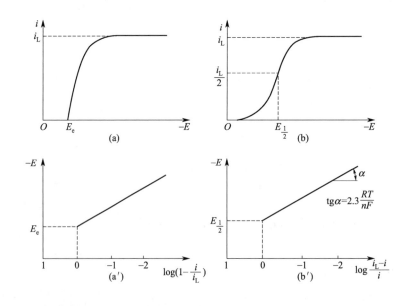

图 6-12　扩散控制时的极化曲线

(a) 和 (a′) 产物不溶；(b) 和 (b′) 产物可溶

第四节 非稳态扩散

在开始通电的短暂时间里发生的扩散是非稳态扩散。

一、平面电极的非稳态扩散和暂态电化学方法

非稳态扩散时，扩散层中各点反应物的浓度是距离和时间的函数，$c = f(x,t)$。

在平面电极的情况下，浓度随距离和时间的变化服从菲克第二定律：

$$\frac{\partial c}{\partial t} = D\frac{\partial^2 c}{\partial x^2}$$

解方程需要初始条件和两个边界条件，并假设电迁移和对流传质不存在，以及扩散系数与浓度无关。

初始条件：$t = 0$ 时，$c(x,0) = c^0$

边界条件之一：$x \to \infty$ 处，$c(\infty,t) = c^0$

另一边界条件视电解时的极化条件而定。

1. 完全浓差极化

如果给电极施加一个很负的阴极极化电位，使 c^s 立即降为零而达到极限电流，这称为完全浓差极化。在完全浓差极化条件下，另一边界条件为：

$t > 0$ 时，$c(0,t) = c^s = 0$

应用拉普拉斯变换法，求解菲克第二定律方程，其解为：

$$c(x,t) = C^0 erf\left(\frac{x}{2\sqrt{Dt}}\right)$$

式中，$erf(Z) = \dfrac{2}{\sqrt{\pi}}\displaystyle\int_0^z e^{-y}\mathrm{d}y$，$y$ 为辅助变量。Z 为误差函数（erf）积分上限。$Z = 0$ 时，$erf(Z) = 0$，$Z = \infty$ 时，$erf(Z) = 1$。

完全浓差极化条件下，$i = i_L$，对于 $O + ne^- \Longrightarrow R$，有

$$i_L = nFD\frac{c^0}{\sqrt{\pi Dt}}（科特雷尔方程）$$

与 $i_L = nFDc^0/\delta$ 比较，可得 $\delta = \sqrt{\pi Dt}$。

可见，非稳态下，扩散层的厚度随时间而增加，电流密度随之而减少。**原则上，电流密度可以降到任意小的值，表明在平面电极上单纯由于扩散作用不可能建立稳态传质过程。**但实际上由于溶液中存在自然对流，非稳态扩散会变为稳态扩散。

2. 恒电位极化

对于恒电位极化，若只有反应物可溶，根据能斯特方程，反应物的表面浓度是定值，不随时间而变。因此，另一个边界条件是 c^s，即 $c(0,t)=$ 常数。根据前面的推导可得：

$$i = nFD \frac{c^0 - c^s}{\sqrt{\pi Dt}} \quad （计时电流法或电位阶跃法）$$

当极化电位负移程度足够大时，便出现完全浓差极化的情况，恒电位下电流密度和时间的关系如图 6-13 所示。

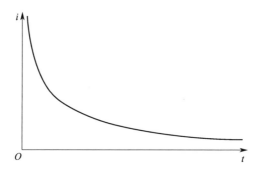

图 6-13　恒电位下平面电极的电流密度和时间关系

恒电位电解，测定电流随时间的变化。若电极过程是扩散控制，以 i 对 $t^{-1/2}$ 作图，可由科特雷尔方程的直线斜率求出扩散系数。若扩散系数已知，便可用计时电流法测定浓度。

3. 恒电流极化

在阴极极化维持电流恒定的条件下，另一个边界条件是：

$$(\partial c / \partial x)_{x=0} = i/nFD = 常数$$

i 是恒定的电流密度。根据初始和边界条件得出菲克第二定律方程的解：

$$c(x,t) = c^0 + \frac{i}{nF} \left[\frac{x}{D} erfc\left(\frac{x}{2\sqrt{Dt}} \right) - 2\sqrt{\frac{t}{\pi D}} \exp\left(-\frac{x^2}{4Dt} \right) \right]$$

$erfc(Z)$ 是误差函数 $erf(Z)$ 的反函数。$erfc(Z) = 1 - erf(Z)$。

$x = 0$ 时，
$$c(0,t) = c^0 - \frac{2i}{nF} \sqrt{\frac{t}{\pi D}}$$

当 $t^{1/2} = nF\sqrt{\pi D}\, c^0 / 2i$ 时，$c(0,t) = 0$，因此，经此段时间后须依靠其他电极反应才能维持电流密度恒定。电极电位突然向负方向增大，发生新的电极反应。

过渡时间：从开始恒电流极化到电位发生突变所经历的时间，用 τ 表示。过渡时间是使反应的表面浓度降为零时所需的电解时间，从而可得 Sand 方程：

$$\tau^{1/2}=\frac{nF\sqrt{\pi D}c^0}{2i},\ c(0,t)=c^0\left[1-\sqrt{\frac{t}{\tau}}\right]$$

对于产物不可溶的反应

$$O+ne^-\Longrightarrow R(不可溶)$$

恒电流极化下的电位只由反应物的表面浓度决定:

$$E=E_e+\frac{RT}{nF}\ln\frac{\tau^{1/2}-t^{1/2}}{\tau^{1/2}}$$

对于产物可溶的反应

$$O+ne^-\Longrightarrow R(可溶)$$

在 $c=0$ 的条件下推出:

$$E=E_{\tau/4}+\frac{RT}{nF}\ln\frac{\tau^{1/2}-t^{1/2}}{t^{1/2}}$$

$$E_{\tau/4}=E^\ominus+\frac{RT}{nF}\ln\left(\frac{D_R}{D_O}\right)^{1/2}$$

在恒电流极化下测定电位-时间曲线(图 6-14),称为计时电位法。因为在一定条件下 $\tau^{1/2}$ 与浓度成正比,所以可用此法测定浓度。利用 Sand 方程,可以计算扩散系数。将 E 对 $\log[(\tau^{1/2}-t^{1/2})/\tau^{1/2}]$ (产物不可溶时或产物可溶时)作图得一直线,从斜率可求反应电子数。如果反应物不止一种或反应物分步进行电子转移,则计时电位曲线出现不止一个过渡时间。例如,在硫酸溶液中氧在铂电极上还原的计时电位曲线有两个过渡时间,因而可知氧是分步还原的。

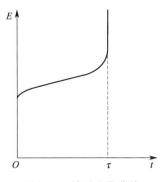

图 6-14 计时电位曲线

4. 线性电位极化

线性电位极化:极化电位随时间线性变化,$E=E_i\pm vt$。E_i 是起始电位,v 是电位改变的速率,即扫描速率,"+"表示阳极极化,"−"表示阴极极化。在线性极化条件下,另一边界条件为 $dE/dt=$ 常数。根据初始条件和边界条件,得出电极反应在可逆条件下菲克第二定律方程的解为：

$$i=nFD^{1/2}a^{1/2}\left[\pi^{1/2}\chi(at)\right]c^0$$

式中，χ 表示在距离 $\chi(cm)$ 处，$a=vnF/RT$，这个结果描述了线性电位极化时电流和时间（或电位）的关系。

二、球状电极的非稳态扩散

上面讨论的非稳态扩散都是平面电极的一维扩散。这里讨论的非稳态扩散是球状电极沿半径方向的对称扩散。球状电极是常常用到的，例如滴汞电极（DME）。图 6-15 表示一个浸在反应物溶液中的半径为 r_0 的球状电极。在电极周围，反应物由于浓度梯度的存在而沿半径向电极扩散。dr 是离电极中心为 r 处的一个液层。下面讨论这个理想球状电极模型的扩散。

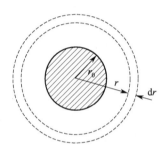

图 6-15　球状电极的扩散过程

在 dr 薄层中，反应物浓度的变化服从以球坐标表示的菲克第二定律：

$$\frac{\partial c}{\partial t}=D\left[\frac{\partial^2 c}{\partial r^2}+\frac{2}{r}\left(\frac{\partial c}{\partial r}\right)\right]$$

完全浓度极化时，初始条件为 $c(r,0)=c^0$，边界条件为 $c(\infty,t)=c^0$ 和 $c(r_0,t)=0$，解上述方程：

$$c(r,t)=c^0\left\{1-\frac{r_0}{r}erfc\left[\frac{r-r_0}{2(Dt)^{1/2}}\right]\right\}$$

对 r 微分，令 $r=r_0$，得到电极表面处的瞬时浓度梯度：

$$\left(\frac{\partial c}{\partial r}\right)_{r=0}=c^0\left[\frac{1}{r_0}+\frac{1}{(\pi Dt)^{1/2}}\right]$$

则瞬时电流密度为：$i=nFDc^0\left[\dfrac{1}{r_0}+\dfrac{1}{(\pi Dt)^{1/2}}\right]$

若 $c(r_0,t)\neq 0$，则可得到：

$$i=nFD(c^0-c^s)\left[\frac{1}{r_0}+\frac{1}{(\pi Dt)^{1/2}}\right]$$

从上式可见，若通电时间很短，使得$(\pi Dt)^{1/2} \ll r_0$，$t \ll r_0^2/\pi D$，可以略去 r_0 项，球状电极非稳态扩散变成平面电极非稳态扩散。当 $t \to \infty$ 时，$i = nFD(c^0 - c^s)/r_0$，这时 i 与 t 无关，非稳态变为稳态。实际上由于溶液中对流传质的存在，稳态的建立并不需要无限长的时间。一般认为，$r_0 = 0.001(\pi Dt)^{1/2}$ 时，非稳态便向稳态过渡。对于 $r_0 = 0.001m$ 的球状电极，取 $D = 10^{-9} m/s$ 时，约 300s 之后便认为达到稳态。

极谱方法常用的就是球状 DME 的汞滴从毛细管滴下，电极表面状态不断更新，故利用 DME 分析有高度的重现性。

第五节　旋转圆盘电极与对流扩散

前面讨论的平面电极上稳态和非稳态扩散，是在不搅拌的条件下进行的，存在扩散传质过程。在讨论滴汞电极时，汞滴变大过程不可避免地引起一定程度的对流，但对传质并不起重要作用。

在旋转圆盘电极（RDE）技术中，反应物向电极的对流传质起着十分重要的作用。RDE 广泛地应用在电化学研究上，它的突出优点是结果的重现性好以及能够对传质速率作出精确的限定，从而严格解出对流扩散方程式。

一、 RDE 的制作

把一种圆盘状电极材料嵌入绝缘材料做成的棒中，使得只有棒的下端才能与溶液进行电接触。电极由马达带动以给定的速度在溶液中旋转。旋转的圆盘带着表面上的液体，并在离心力的作用下把溶液由中心沿径向甩出，而圆盘表面外的液体则垂直冲向表面进行补充。图 6-16 表示电极以及电极旋转时液流的走向。在 RDE 的研究中，电极的转速在 $100 \sim 10000 r \cdot min^{-1}$ 的范围内。

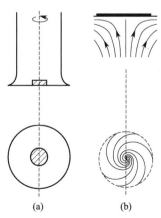

图 6-16　(a) RDE；(b) 电极旋转时的液流图像

　　RDE 要求电极表面光滑，电极面积比较大。电极的直径一般从几毫米到几厘米。使用时电极不能太靠近电解池的壁，即电解池要足够大，否则，与电极表面不够光滑一样会产生湍流。

二、对流扩散方程式

　　Levich 通过解稳态条件下的流体力学方程，得到 RDE 的稳态对流扩散的电流方程。

　　(1) 第一种情况是电流由传质决定　这时极限电流在一个大的电位范围内与电位无关。

　　① 极限电流强度：

$$I_L = nFADc^0/\delta$$
$$= nFADc^0/1.62D^{1/3}\nu^{1/6}\omega^{-1/2}$$
$$= 0.62nFAD^{2/3}\nu^{-1/6}\omega^{1/2}c^0$$

　　式中，ω 是圆盘旋转的角速度；ν 是介质的运动黏度，其定义为黏度（Pa·s）与密度之比。公式采用的单位：I（A），D（$cm^2 \cdot s^{-1}$），ν（$cm^2 \cdot s^{-1}$），ω（$rad \cdot s^{-1}$），c（$mol \cdot cm^{-3}$），A（cm^2）。

　　② 若未达到极限情况，则扩散电流强度：

$$I = 0.62nFAD^{2/3}\nu^{-1/6}\omega^{1/2}(c^0 - c^s)$$

　　把 I_L 对 $\omega^{1/2}$ 作图，从直线斜率按极限电流强度方程可求得扩散系数。

　　对于电极反应：　　　　　　　$O + ne^- \Longrightarrow R$

　　利用极限电流强度和扩散电流强度方程，可解出 c^0 和 c^s。

　　若电极反应可逆，把 c^0 和 c^s 代入能斯特方程得出 RDE 的电流-电位关系：

$$E = E_{1/2} + \frac{RT}{nF}\ln\frac{I_{L,K} - I}{I - I_{L,A}}$$

　　式中，$I_{L,K}$ 是 O 的还原极限电流；$I_{L,A}$ 是 R 的氧化极限电流。

　　(2) 第二种情况是反应需较高的活化能　这时电极反应速率降低，而电流由传质以及活化共同控制。在这种情况下电流强度的关系为：

$$\frac{1}{I} = \frac{1}{I_a} + \frac{1}{I_L}$$

　　式中，I_a 是活化控制电流；I_L 是极限电流，可表示为 $B\omega^{1/2}$，B 为常数。

　　通过 $1/I$ 对 $\omega^{-1/2}$ 作图，外推到 ω 为 ∞ 便可求得 I_a。把 E 对 $\log[(I_{L,K} - I)/(I - I_{L,A})]$ 作图，或把 $1/I$ 对 $\omega^{-1/2}$ 作图，可判断反应是否可逆。用 RDE 还可以通过作图求出 I_a 后，计算电极反应的速率常数 k_f 和 k_b。

第六节　电荷转移反应动力学

前面所讨论的电流是全部或部分受反应物向电极的传质速率控制的，通过电位对反应物在电极上的表面浓度的影响而使反应速率改变。

一、电极电位对活化能和电极反应速率的影响

下面要讨论的是电化学步骤控制的动力学，在这种情况下，是通过电位对电子传递的活化能的影响而使反应速率改变的。

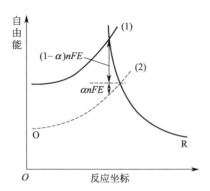

图 6-17　电位变化对电极反应活化能的影响

(1) 电位为零时；(2) 电位向正方向移动 E 时

图 6-17 是电极反应 $O+ne^- \underset{k_b}{\overset{k_f}{\rightleftharpoons}} R$ 中的氧化态 O、还原态 R 沿反应坐标的自由能分布。如果设原来的电位为零，那么使电位向正方向移动 E 时，电极上电子的能量就降低 nFE，阴极反应和阳极反应的活化能分别变成：

$$W_1 = W_1^0 + \alpha nFE$$

$$W_2 = W_2^0 - (1-\alpha)nFE$$

式中，W_1^0 是电位改变之前，即 $E=0$ 时阴极反应的活化能，$kJ \cdot mol^{-1}$；W_2^0 是 $E=0$ 时阳极反应的活化能，$kJ \cdot mol^{-1}$。设 $1-\alpha=\beta$，则 $W_2 = W_2^0 - \beta nFE$。

电位正向移动 E 时，使阳极反应的活化能降低，对阳极氧化有利，而使阴极反应的活化能升高，使阴极还原受阻。

α、β 称为传递系数。α 和 β 反映了电位对反应活化能的影响程度。$\alpha+\beta=1$，即两者都是小于 1 的数。α 是活化能曲线对称性的一种衡量，$\alpha=0.5$ 时，两条活化能曲线对称相交。通常 α 的数值近似地取作 0.5。

已知在固相和液相界面单位面积上进行的单分子反应的反应速率为：

$$v = kc = k' \exp(-W/RT)c$$

式中，k 是反应速率常数；k' 是指前因子（与 k 具有相同的量纲）；c 是反应物的表面浓度，$mol \cdot L^{-1}$；W 是活化能，$kJ \cdot mol^{-1}$。

因此，单位电极面积上电极反应的**正向反应**（还原反应）的速率为：

$$v_f = k'_f c_O \exp(-W_1/RT)$$

逆向反应（氧化反应）的速率为：

$$v_b = k'_b c_R \exp(-W_2/RT)$$

W_1 和 W_2 分别是阴极反应和阳极反应的活化能，c_O 和 c_R 分别是氧化态 O 和还原态 R 的表面浓度。

用电流密度 i（$A \cdot m^{-2}$，它是矢量，其大小等于单位时间内通过某一单位面积的电量，指向由正电荷通过此截面的指向确定）表示电极反应速率，$i = nFv_O$，则

$$\vec{i} = nFk'_f c_O \exp(-W_1/RT) = nFk'_f c_O \exp\left(-\frac{W_1^0 + \alpha nFE}{RT}\right)$$

$$\overleftarrow{i} = nFk'_b c_R \exp(-W_2/RT) = nFk'_b c_R \exp\left(-\frac{W_2^0 - \beta nFE}{RT}\right)$$

设 k_f^0、k_b^0 为 $E = 0$ 时的反应速率常数，即令

$$k_f^0 = k'_f \exp(-W_1^0/RT), k_b^0 = k'_b \exp(-W_2^0/RT)$$

得到

$$\vec{i} = nFk_f^0 c_O \exp\left(-\frac{\alpha nFE}{RT}\right)$$

$$\overleftarrow{i} = nFk_b^0 c_R \exp\left(\frac{\beta nFE}{RT}\right)$$

以上两式是电化学步骤的基本动力学方程。

$\vec{i}$ 和 $\overleftarrow{i}$ 是总电流（外电流）两个分量，是不能用电表直接测量的。

阴极还原时，阴极电流密度为：

$$i_K = \vec{i} - \overleftarrow{i} = nFk_f^0 c_O \exp\left(-\frac{\alpha nFE}{RT}\right) - nFk_b^0 c_R \exp\left(\frac{\beta nFE}{RT}\right)$$

阳极氧化时，阳极电流密度为：

$$i_A = \overleftarrow{i} - \vec{i} = nFk_b^0 c_R \exp\left(\frac{\beta nFE}{RT}\right) - nFk_f^0 c_O \exp\left(-\frac{\alpha nFE}{RT}\right)$$

以上两式表示电极电位与活化控制的电极反应净速率的关系。式中 i_K 和 i_A 都是电极反应的净电流密度，可以用电表直接测量，所以又称"外电流密度"。

二、交换电流密度和电极反应速率常数

阴极极化时，$\overrightarrow{i} > \overleftarrow{i}$；阳极极化时，$\overrightarrow{i} < \overleftarrow{i}$。而当电极处于平衡状态时，$\overrightarrow{i} = \overleftarrow{i}$，净电流密度为零。从宏观上看，平衡时没有任何情况发生，但实际上电极与溶液之间进行着电荷的交换，只是两个方向的速度（电流）大小相等方向相反。在平衡状态下大小相等方向相反的电流密度称交换电流密度，用 i^0 表示。i^0 反映了在平衡电位下的反应速度，$i^0 = \overleftarrow{i} = \overrightarrow{i}$，则可将电化学基本动力方程变为：

$$i^0 = nFk_f^0 c_O \exp\left(-\frac{\alpha nFE_e}{RT}\right) = nFk_b^0 c_R \exp\left(\frac{\beta nFE_e}{RT}\right)$$

取对数，根据 $\alpha + \beta = 1$ 整理得到：

$$E_e = \frac{RT}{nF} \ln \frac{k_f^0}{k_b^0} + \frac{RT}{nF} \ln \frac{c_O}{c_R} \qquad (从动力学推导出来的能斯特方程)$$

$$\frac{RT}{nF} \ln \frac{k_f^0}{k_b^0} = E^\theta + \frac{RT}{nF} \ln \frac{\gamma_O}{\gamma_R} = E^{\ominus'}$$

当 $c_O = c_R = c$ 时，$E_e = E^{\ominus'}$，则

$$i^0 = nFk_f^0 c \exp(-\frac{\alpha nFE^{\ominus'}}{RT}) = nFk_b^0 c \exp(\frac{\beta nFE^{\ominus'}}{RT})$$

令　　　$$k_s = k_f^0 \exp(-\frac{\alpha nFE^{\ominus'}}{RT}) = k_b^0 \exp(\frac{\beta nFE^{\ominus'}}{RT}) , 则有$$

$$i^0 = nFk_s c$$

k_s 称为标准电极反应速率常数，简称电极反应速率常数。k_s 的物理意义：在电位为 E 和反应物浓度为单位浓度时的电极反应速率，单位为 $cm \cdot s^{-1}$ 或 $m \cdot s^{-1}$。

当 c_O 不等于 c_R 时，则 $i^0 = nFk_s c_O^\beta c_R^\alpha$。

交换电流密度不但与电极反应的本性决定的量 k_s、α、β 有关，而且与温度、反应物及生成物的浓度有关。

交换电流密度与标准反应速率常数成正比关系，两者都反映电极反应的可逆程度，i^0 越大或 k_s 越大，电荷转移的速率越大，即电极反应的可逆程度越大。

第七节　电流密度和过电位的关系

一、稳态极化时电流密度和过电位的关系

1. 一步电化学步骤

根据过电位的定义式，阴极过电位 $\eta_K = E_e - E$，故 $E = E_e - \eta_K$，代入电化学

步骤基本动力学方程式得：

$$\overrightarrow{i}=i^{0}\exp\left(\frac{\alpha nF\eta_{K}}{RT}\right),\ \overleftarrow{i}=i^{0}\exp\left(-\frac{\beta nF\eta_{K}}{RT}\right)$$

由此得，阴极电流密度和过电位的关系为：

$$i_{K}=i^{0}\left[\exp\left(\frac{\alpha nF\eta_{K}}{RT}\right)-\exp\left(-\frac{\beta nF\eta_{K}}{RT}\right)\right]$$

同理，可求得阳极电流密度和过电位的关系为：

$$i_{A}=i^{0}\left[\exp\left(\frac{\beta nF\eta_{A}}{RT}\right)-\exp\left(-\frac{\alpha nF\eta_{A}}{RT}\right)\right]$$

(1) 当阴极极化较大时 $\overrightarrow{i}\gg\overleftarrow{i}$，$i_{K}\approx\overrightarrow{i}\approx i^{0}\exp\left[\frac{\alpha nF\eta_{K}}{RT}\right]$，取对数得：

$$\eta_{K}=-\frac{RT}{\alpha nF}\ln i^{0}+\frac{RT}{\alpha nF}\ln i_{K}$$

在一定浓度下，i^{0} 不随极化而变，故上式右方第一项为常数，上式可写成：

$$\eta_{K}=a_{K}+b_{K}\ln i_{K} \qquad \text{（塔费尔方程）}$$

式中，$a_{K}=-\dfrac{RT}{\alpha nF}\ln i^{0}$；$b_{K}=\dfrac{RT}{\alpha nF}$。

同理，当阳极极化相当大时有：

$$\eta_{A}=a_{A}+b_{A}\ln i_{A} \qquad \text{（塔费尔方程）}$$

式中，$a_{A}=-\dfrac{RT}{\beta nF}\ln i^{0}$；$b_{A}=\dfrac{RT}{\beta nF}$

(2) 当阴极极化很小时 把阴极电流密度和过电位的关系式中的指数项展开为级数，得：

$$i_{K}=i^{0}\left[1+\frac{\alpha nF\eta_{K}}{RT}+\frac{1}{2}\left(\frac{\alpha nF\eta_{K}}{RT}\right)^{2}+\cdots-1+\frac{\beta nF\eta_{K}}{RT}-\frac{1}{2}\left(\frac{\beta nF\eta_{K}}{RT}\right)^{2}+\cdots\right]$$

把高次项略去，取前面两项得：

$$i_{K}=i^{0}\frac{nF\eta_{K}}{RT},\ \text{即}\ \eta_{K}=\frac{RT}{nFi^{0}}i_{K}$$

同理，当阳极极化很小时，阳极电流密度和过电位的关系为：

$$\eta_{A}=\frac{RT}{nFi^{0}}i_{A}$$

$RT/(nFi^{0})$ 称为反应电阻，以 R_{f} 或 R_{r} 表示。

结论： 在极化很大时的单电子转移反应中，过电位达 0.1V 时，过电位与电流密度的对数呈线性关系；而在极化很小时，例如过电位小于 10mV 时，过电位与电流密度呈线性关系。

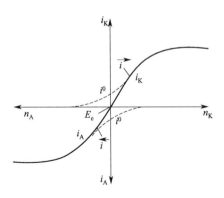

图 6-18 O+ne ══ R 的 η-i 曲线

图 6-18 表示过电位与电流密度的关系。极化小时为线性关系，极化大时为非线性关系。总电流密度为正向电流密度和逆向电流密度的差值：

$$i_K = \overrightarrow{i} - \overleftarrow{i}, i_A = \overleftarrow{i} - \overrightarrow{i}$$

在 E_e 时，两方向的电流密度皆等于交换电流密度，即 $\overrightarrow{i} = \overleftarrow{i} = i^0$。

图 6-19 表示极化较大时过电位与电流密度出现塔费尔关系。

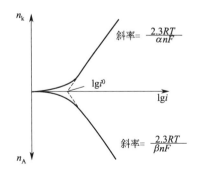

图 6-19 O+ne^- ══ R 的 η-$\lg i$ 曲线

2. 多电子电化学步骤

上面都是假定电化学步骤只由一步完成，当反应得失电子数 $n=1$ 时确是如此。若 $n=2$，则有两种可能：两个电子同时转移或分两步转移。如果 $n=3$，情况就更复杂。为简便起见，现仅讨论 $n=2$ 的情况。设电化学反应分为两步：

$$O + e^- \underset{i_1^0}{\overset{}{\rightleftharpoons}} X \qquad X + e^- \underset{i_2^0}{\overset{}{\rightleftharpoons}} R$$

在稳态条件下，上述两个步骤的电流密度相等，即 $i_1 = i_2 = i_K/2$。若不考虑浓差极化，则

$$i_1 = i_1^0 \left[\exp\left(\frac{\alpha_1 F \eta_K}{RT}\right) - \left(\frac{c_x}{c_x^0}\right) \exp\left(-\frac{\beta_1 F \eta_K}{RT}\right) \right]$$

$$i_2 = i_2^0 \left[\left(\frac{c_x}{c_x^0}\right) \exp\left(\frac{\alpha_2 F \eta_K}{RT}\right) - \exp\left(-\frac{\beta_2 F \eta_K}{RT}\right) \right]$$

c_x^0、c_x 分别表示中间产物 x 在平衡电位下和极化时的浓度。

① $i_1^0 \gg i_2^0$ 时，$i_K = 2 i_2^0 \left[\exp\left(\frac{\alpha' F \eta_K}{RT}\right) - \exp\left(-\frac{\beta F \eta_K}{RT}\right) \right]$

式中，$\alpha = (1 + \alpha_2)/2$；$\beta = \beta_2/2$。因而 α 明显大于 β。

② $i_2^0 \gg i_1^0$ 时，$i_K = 2 i_1^0 \left[\exp\left(\frac{\alpha' F \eta_K}{RT}\right) - \exp\left(-\frac{\beta' F \eta_K}{RT}\right) \right]$

式中，$\alpha' = \alpha_1/2$；$\beta' = (1 + \beta_1)/2$。因而 β' 明显大于 α'。

③ 当 i_2^0、i_1^0 相差不大，且在强烈极化的情况下，可得：

$$i_K = 2 i_1^0 \exp\left(\frac{\alpha_1 F \eta_K}{RT}\right), \quad i_A = 2 i_2^0 \exp\left(\frac{\beta_2 F \eta_A}{RT}\right)$$

上述分步电化学反应，在实践中是经常见到的。例如铜的电化学溶解，已证实在低电流密度下分两步进行：$Cu \Longrightarrow Cu^+ + e^-$，$Cu^+ \Longrightarrow Cu^{2+} + e^-$。在高电流密度下一步完成，即：$Cu \Longrightarrow Cu^{2+} + 2e^-$。

二、浓差极化、分散层电位对电流密度和过电位关系的影响

1. 浓差极化的影响

上面讨论的是纯粹由电化学步骤控制的动力学。现在讨论浓差极化和电化学极化共同控制的情况。

一个电子转移速度慢的电化学反应，当极化电流小时，传质速率跟得上电极反应速率，不会出现浓差极化和电化学极化共同控制的情况。但是当极化电流大时，则传质速率也会成为控制步骤之一。

若阴极极化较大，相应的电流密度 $i_K \gg i^0$，则 $i_K = \dfrac{c^s}{c^0} i^0 \exp\left(\dfrac{\alpha n F \eta_K}{RT}\right)$

把纯粹扩散控制时的 $c^s = c^0 [1 - (i/i_L)]$ 代入上式并用对数形式表示：

$$\eta_K = \frac{RT}{\alpha n F} \ln \frac{i_K}{i^0} + \frac{RT}{\alpha n F} \ln \frac{i_{L,K}}{i_{L,K} - i_K}$$

这是共同控制时反应速率和过电位的关系。式中第一项等于纯粹电化学极化时的过电位（见塔费尔方程），第二项是由浓差极化产生的过电位。如图 6-20 极化曲线所示，图中虚线是纯粹由扩散控制得出的极化曲线，由 $E = E_{1/2} + \dfrac{RT}{nF} \ln$

$\dfrac{i_L-i}{i}$ 决定。由图可见，当极化电流密度相同时，由扩散和活化控制的极化程度比纯粹由扩散控制的要大些，因此半波电位也要更负些。

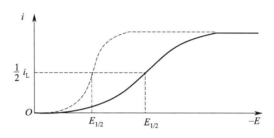

图 6-20 极化曲线（虚线：纯粹由扩散控制）

2. 分散层电位的影响

前面讨论的电化学动力学方程，并没有考虑双电层结构的影响，这只有在溶液很浓和电位远离零电荷电位的情况下才可行。

在稀溶液中，特别是电极电位接近零电荷电位 E_z 和发生表面活性物质特性吸附，分散层电位 ψ_1 在整个双电层中占有较大的比重时，就要考虑双电层对电极反应的影响，即 ψ_1 效应。

从双电层结构来看，影响电极反应的活化能并不是整个双电层的电位差，而是其中的紧密双电层的电位差，而且 ψ_1 对反应物的浓度有影响。据此可推出阴极极化相当大时：

$$\eta_K = 常数 + \frac{RT}{\alpha n F}\ln i_K + \frac{z_O - \alpha n}{\alpha n}\psi_1$$

式中，z_O 是氧化态 O 的价数。

① 阳离子还原时，$z_O \geqslant n$，故 ψ_1 的系数为正数。ψ_1 正向移动时（例如阳离子特性吸附），引起 η_K 增大。

② 反应粒子是中性时，$z_O = 0$，则 $\eta_K = 常数 + \dfrac{RT}{\alpha n F}\ln i_K - \psi_1$。$\psi_1$ 变化的效果与阳离子还原时相反，ψ_1 负向移动使 η_K 增大。

③ 阴离子（如 $S_2O_8^{2-}$）还原时，$z_O < 0$，ψ_1 的系数为绝对值大于 1 的负值。因此 ψ_1 对 η_K 的影响与反应粒子为中性时方向相同，但程度更大。

第八节 等效电路与法拉第阻抗

电解池体系存在电子的转移、化学变化和组分浓度的变化等，因而不同于由简单的线性电子元件（如电阻、电容）组成的电路。但是用小幅度交流电通过电解池时，往往可根据实验条件的不同，把电解池简化为不同的等效电路。

一、等效电路

等效电路就是由电阻 R 和电容 C 组成的电路。当加上相同的交流电压信号时，通过此等效电路的交变电流具有与通过电解池的交变电流完全相同的振幅和相位角。

由于工作电极与辅助电极之间的距离较大，故其间的电容可忽略；而电极本身的电阻通常很小，也可忽略。因此，电解池的等效电路如图 6-21 所示。R_1 为溶液电阻，C_d 和 Z_f 分别表示工作电极的双电层电容和法拉第阻抗。若采用面积很大的辅助电极（有上标 "′" 的是辅助电极的），则 C_d' 很大，其容抗 $1/C_d'$ 很小，如同被 C_d' 短路，于是电解池的等效电路简化为工作电极和溶液的等效电路，如图 6-22 所示。

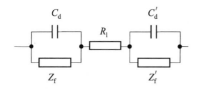

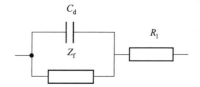

图 6-21　电解池的等效电路　　　　图 6-22　忽略辅助电极阻抗
　　　　　　　　　　　　　　　　　　　　　　时电解池的等效电路

若两个电极面积都很大，以致两个电极双电层电容的容抗都很小而可以被忽略时，则整个电路的阻抗等效于溶液的电阻。如果工作电极是理想极化电极，且溶液电阻很小，则整个电路的阻抗等效于研究电极双电层的电容。

二、法拉第阻抗

电极的法拉第阻抗 Z_f，由反应电阻 R_r、浓差极化引起的 Warburg 阻抗 Z_W 所组成，其电阻部分为 R_W，容抗部分为 $1/\omega C_W$。Z_W 有如下关系式，式中 σ 称为 Warburg 系数。

$$Z_W = R_W - \frac{j}{\omega C_W}$$

$$R_W = \frac{RT}{n^2 F^2 c_O (2\omega D_O)^{0.5}} = \sigma \omega^{-0.5}$$

$$C_W = \frac{1}{\sigma \omega^{0.5}}$$

电化学极化与浓差极化同时存在时，电极的等效电路如图 6-23 所示。法拉第阻抗中的串联电阻和电容分别为：

$$R_s = R_r + R_W = R_r + \sigma\omega^{-0.5}$$

$$C_s = C_W = \frac{1}{\sigma\omega^{0.5}}$$

其中 R_s 随频率变化（图 6-24），R_r 与频率无关。

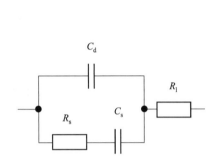

图 6-23　电化学极化与浓差极
化同时存在时的等效电路

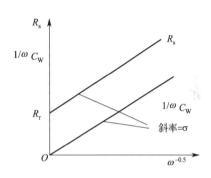

图 6-24　R_s 随 $\omega^{-0.5}$ 的变化

阻抗是向量，可表示为复数形式。把复数阻抗的实数部分 Z' 作横轴，虚数部分 Z'' 作纵轴，作出的图像称为阻抗的复数平面图。从此图的形状可以计算电极等效电路中各元件的数值，进而求得电极反应的动力学参数，也可从图形识别电极过程的特征。

$$Z' = R_1 + \frac{R_r + \sigma\omega^{-0.5}}{(C_d\sigma\omega^{0.5}+1)^2 + \omega^2 C_d^2 (R_r + \sigma\omega^{-0.5})^2}$$

$$Z'' = \frac{\omega C_d (R_r + \sigma\omega^{-0.5})^2 + \sigma\omega^{-0.5}(C_d\sigma\omega^{0.5}+1)}{(C_d\sigma\omega^{0.5}+1)^2 + \omega^2 C_d^2 (R_r + \sigma\omega^{-0.5})^2}$$

（1）低频率极限　$\omega \to 0$ 时，以上两式近似为：

$$Z' = R_1 + R_r + \sigma\omega^{-0.5}$$

$$Z'' = 2\sigma^2 C_d + \sigma\omega^{-0.5}$$

从两式消去 ω，可得

$$Z'' = Z' - R_1 - R_r + 2\sigma^2 C_d$$

可见把 Z'' 对 Z' 作图，得到斜率为 1 的直线，如图 6-25 中右方的直线 FG。此直线延长至横坐标的截距 OE，其长度等于 $R_1 + R_r - 2\sigma^2 C_d$。这时电极过程动力学处于扩散控制区。直线 EFG 适用于仅有浓差极化而电荷传递反应很快的电极系统。

（2）高频率极限   在高频率下，Warburg 阻抗明显减小，电极的法拉第阻抗主要是 R_r。此时的 Z'、Z'' 分别为：

$$Z'=R_1+\frac{R_r}{1+\omega^2 C_d^2 R_r^2}, Z''=\frac{\omega C_d R_r^2}{1+\omega^2 C_d^2 R_r^2}$$

可推得：

$$[Z'-(R_l+R_r/2)]^2+Z''^2=(R_r/2)^2$$

可见 Z'' 与 Z' 的关系为圆的曲线方程式。圆半径为 $R_r/2$，圆心在坐标为（$Z'=R_1+R_r/2$，$Z''=0$）处，如图 6-25 中的 D 点。ABC 为半圆，OA 距离等于 R_1，AC 距离等于 R_r。B 点的频率用 ω_B 表示，满足公式 $\omega_B C_d R_r=1$。

$$C_d=1/\omega_B R_r$$

因此，对于仅有电化学极化的电极，用这种方法可在一次实验数据处理中同时求得 R_1、R_r 和 C_d。实验用频率高端要大于 $5\omega_B$，低端要小于 $\omega_B/5$。

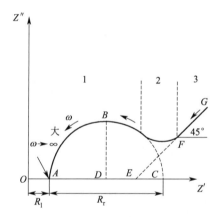

图 6-25   电极阻抗的复数平面图

1—动力学控制区；2—混合控制区；3—扩散控制区

对于电化学极化和浓差极化同时存在的电极，当频率减小时得不到图 6-25 中右方半圆的虚线。代替它的是弯曲的实线 BF，向扩散控制区的直线 FG 过渡，也就是动力学和扩散的混合控制区。

第七章

化学修饰电极制备技术

用化学的或物理化学的方法对电极表面进行修饰，形成具有预期特定功能的膜，以完成对电极的功能性设计，经过这种处理的电极就是化学修饰电极（chemical modified electrode，CME）。CME 自 1975 年问世以来经过几十年的发展，已经成为令整个化学界瞩目的、非常活跃的电化学研究新领域。大量的研究工作表明，CME 已经或者正在成为无机化学、有机化学、分析化学、物理化学、环境化学以及生物化学等学科中新的研究手段，在电催化、光电化学、有机合成、生物体内活性物质的电化学行为研究及含量检测分析，痕量物质的预富集及含量检测，普通无机和有机分析，电化学传感，电色显示等诸多方面有着很大的理论研究和实际应用潜力。

开展化学修饰电极领域研究的最为关键的步骤是化学修饰电极的制备。要想获得性能良好的化学修饰电极就要采用合适的修饰方法合理设计操作流程，因此，修饰电极的制备是化学修饰电极研究的重要内容之一。

按照化学修饰电极表面修饰物的尺寸大小的不同，可以将化学修饰电极分成多分子层型修饰电极（主要是聚合薄膜）、单分子层型修饰电极、组合型修饰电极等，如图 7-1 所示。

电极的修饰要根据修饰物的物理化学性质和基体电极的不同而采取不同的制备方法。CME 制备方法的优劣，直接影响到 CME 性质的重复性和稳定性，从而影响 CME 理论研究和实际应用的价值，因此 CME 的制备是 CME 研究和应用的关键所在。目前已摸索出许多行之有效的 CME 制备方法，下面择其要介绍之。

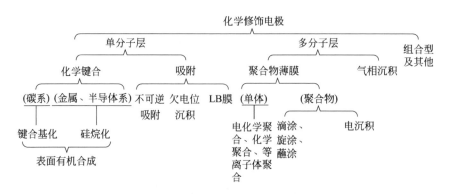

图 7-1　化学修饰电极的分类

第一节　化学键合法

热解石墨、玻碳（GC）、金属氧化物电极表面有许多含氧基团，将这些电极经过适当处理之后，可以大大增加含氧基团的量，使电极表面的化学活性增高。下面先介绍电极表面活化处理的一般方法，再介绍化学键合法。

一、石墨、玻碳电极的活化处理

1. 湿法氧化

将电极抛光清洗之后，在强氧化剂中氧化，使其表面产生含氧基团。可供选择的氧化剂很多，常用的有 $KMnO_4$-H_2SO_4、K_2CrO_7-H_2SO_4 等。氧化剂的种类、浓度、温度、处理时间、催化剂选用等因素对湿法氧化均有不同影响，要根据修饰过程的各种具体要求摸索。

2. 干法氧化

电极经预处理之后，在空气中加热氧化或通氧氧化。氧化条件与电极基体材料有关。

3. 氩等离子侵蚀

将预处理后的电极置于低压氩气中，利用一定辐射条件下产生的氩等离子与电极表面的含氧基团作用，达到消除这些基团的目的。经氩等离子侵蚀后，电极表面的碳原子完全裸露，处于高活性状态，可以直接和物质反应进行修饰，也可以再用干法或湿法进行氧化处理，使其表面均匀地产生含氧基团。此法产生的含氧基团较前两种方法处理产生的含氧基团浓度更高，故电极的活性更高，但不如前两种方法简便易行。

二、金属与金属氧化物电极的活化处理

1. 铂或金等金属电极

可以先用蒸馏水润湿的 Al_2O_3 粉末（直径 $0.3 \sim 0.6 \mu m$）把电极表面抛光，再用浓硝酸、稀王水及蒸馏水充分洗净，再把电极浸入 $1mol \cdot L^{-1}$ H_2SO_4 溶液 $5min$ 后，保持电极电位 $+1.9V$（vs. SCE），电流 $1\mu A \cdot cm^{-2}$ 以下进行电解（电解时间 $10 \sim 20s$），然后把电极自电解液中取出用蒸馏水洗净，再用丙酮洗涤干燥。经过处理的电极就含有能与有机硅化合物反应的—OH 基团。

2. SnO_2 等金属氧化物电极

可以先用灼烧、溶剂滴流等除去表面油污，必要时可在空气中加热至 $450℃$，除油之后再把电极浸泡在热盐酸中数小时，取出先用蒸馏水洗净，再用丙酮洗涤干燥。经过这样处理之后的电极表面就具有能与有机硅化合物反应的—OH 基团。

三、化学键合法修饰

1. 石墨、玻碳电极的化学键合法修饰

可先修饰化学活性基团，再通过化学反应键合电活性基团。对化学活性基团有两个要求：既能与电极表面键合，又能与电活性基团键合。方法如下：

① 先将电极表面的含氧基团（如—COOH）与酰氯试剂反应，再与胺类（RNH_2）作用生成肽键（—CONH—）固定 R 活性基团。如果电极表面含羧基较多，也可以通过促进剂二环己基碳二亚胺（DCC）的促进作用生成肽键固定活性基团 R。另一途径是先将电极表面的羧基与 $LiAlH_4$ 试剂作用，使之转变为—OH，然后再与含有活性基团 R 的有机硅化合物作用，通过生成硅氧基（—O—Si—R）引入活性基团 R，再通过活性基团 R 与电活性物质之间键合完成化学修饰过程。

② 直接将经过氩等离子侵蚀活化后的电极与胺类作用，利用电极表面碳原子的高活性与胺类直接反应把活性基团 R 固定到电极表面。也可以将经氩等离子侵蚀活化后的电极再经干法或湿法氧化，使电极表面均匀地生成含氧基团，再与化学活性物质通过促进剂（如 DCC）的促进作用使活性基团 R 键合到电极表面。最后再和电活性物质作用，达到修饰目的。

关于化学键合法修饰石墨或玻碳电极的研究和应用已做了大量的工作，可参阅 Murray 的总结性文章。

另外电活性基团也可以先与化学活性基团配位，然后再键合到电极上去。例如乙二胺四乙酸与钙离子的配合物，它们是先生成配合物，然后利用没有配位的一个羧基与已键合在电极上的基团作用而修饰上去。如果修饰到电极上的电活性基团含有一个可被取代的配体，当电极浸入含有另一个配体的溶液中时，可以通

过配体取代反应将另一配体结合上去。例如配离子［Ru（EDTA）（H₂O）］就符合这种要求。这类 CME 可用来研究配体取代反应的速率和机理。

2. 金属、金属氧化物电极的化学键合法修饰

利用化学键合法修饰金属或金属氧化物电极的方法如下。

将电极表面经过适当化学前处理引入—OH 基团。然后使电极表面的—OH 基团与有机硅化合物作用，把含官能团 R 的化学活性物质键合到电极表面。再将电活性基团与有机硅化合物中的官能团 R 作用修饰到电极上去。或预先使有机硅试剂与电活性物质结合后，再键合到电极上去，达到修饰的目的。另外也可以通过含电活性物质的试剂与电极表面—OH 基团发生直接化学反应而键合到电极表面。

Murray 在这方面做了很多工作，目前已有数十种有机硅烷试剂用于金属和金属氧化物电极的化学键合法修饰。

Sheparde 等曾用上述方案将钴酞菁、铜酞菁配合物修饰到 SnO₂ 电极上，Fujihira 等曾把卟啉化合物修饰到 SnO₂ 电极上。他们分别研究了这类 CME 的电化学和光电化学性质，包括催化、光电效应和电色效应等，有重要的理论和实际意义。

上述化学键合法制备修饰电极的研究和应用包括有机合成、电催化、分离分析、传感器、电极保护、电色效应和光电化学等多个领域，意义重大。

第二节　吸附法

一、化学吸附法

制备单分子层膜的最简单的修饰方法就是化学吸附法（也叫做不可逆吸附法）。此种修饰方法利用的是固液界面自然吸附现象，即当固体电极浸到含有修饰物的溶液中时，修饰物自然会在电极表面发生吸附。如 Bockris 研究多种有机物在 Pt 电极上的吸附。利用化学吸附法制备修饰电极具有直接和简单的优点，但是存在吸附层不重现的缺点，并且电极表面的修饰剂会慢慢脱落，但是如果严格地控制实验条件，利用该方法仍然能获得较好的重现性。

石墨基体表面碳原子可以通过共轭大 π 键电子和含有大的共轭体系的有机基团作用，把它们不可逆地吸附到电极表面上来。若该物质无电活性，则可再利用它与电活性物质反应达到修饰目的，也可以先将两者结合再修饰，有机基团起定系基的作用。

通常含有两个苯环以上的有机物是良好的定系基，例如菲醌等。四磺酸酞菁钴配合物吸附到石墨基体上得到的 CME 对半胱氨酸阳极氧化过程有显著的催化作用，Fierro 等研究了这类电极，提出了催化作用机理。酞菁配合物有庞大的共轭 π

体系，在电极表面的吸附能力很强，甚至可吸附在金属电极（如银电极）表面。Glavaski 等把钴酞菁、铁酞菁类配合物吸附在银电极上，用现场光谱电化学的方法，以拉曼光谱等追踪循环电位扫描过程，研究了 CME 对氧的还原催化作用。

二、欠电位沉积法

欠电位沉积法是一个与电极/溶液结构密切相关的重要的电化学现象。一种金属可在比其热力学可逆电位更正的电位下沉积在另一基体上，通常这种现象被称为是金属的欠电位沉积（UPD）。对于金属粒子而言，这种现象经常发生在导体底物上，又称吸附原子。如将 Ag、Pb、Ti 金属粒子通过欠电位沉积法沉积到 Pt 电极表面，从而进行乙烯的还原测定。这一金属单层是自行组成且能自我维持。用这种方法制得的化学修饰电极表面修饰分子排列有序、结构稳定，而且沉积的金属的单层相当于一个双功能催化剂，能催化某些原子或离子的氧化或还原反应，还可以在更正的电位下还原测定某些金属，减少了其他金属离子的干扰。但这种方法使用范围窄，导致其应用有一定的局限性。

三、 LB 膜法

LB（Langmuir-Blodgett）膜法是制备超薄有机膜的方法。将不溶于水的表面活性物质在水面上铺展成单分子膜后，该膜与电极接触时，若电极表面亲水，表面活性物质亲水基向电极表面排列，若电极表面疏水，则逆向排列。加一定表面压后，依靠膜分子的自组织能力，分子将有序地排列到电极表面，从而得到 LB 膜吸附型修饰电极。用这种方法做好的修饰电极，修饰剂依分子的形式在电极表面紧密地排列，由此该种修饰电极具有较大密度的活性中心，所以电子或物质在此种修饰电极表面传输容易，电化学响应时间快且灵敏度高。另外，修饰物被致密有序地排列在电极表面，导致此种修饰电极结构牢固，寿命长，常常被用在仿生传感器的敏感元件中；也被广泛应用于光电转换器、电催化修饰电极、分析化学等领域。

四、 SA 膜法

SA（self assembling）膜法是利用分子的自组装作用而制备单分子层修饰电极的方法。目前人们已成功地制备出各种类型的纳米级聚合物超薄膜，例如在 20 世纪 80 年代末人们已经利用 SA 膜法将各种硫化物、硫醇以及二硫化物修饰在了金电极的表面。

另外，还有利用该方法将脂肪酸、硅烷以及膦酸分别修饰在金属氧化物、二氧化硅、金属磷酸盐上，不管从分子尺寸大小、组织模型方面来看，还是从人工自组体系成膜的自然形成过程方面来考虑，SA 膜都和天然形成的生物双层膜具有较高的相似性，所以这种人工自组体系对仿生研究有重要意义。

另外，SA 膜具有稳定性高的优点，并且还具有分子识别和选择性响应的功能。

但是，在实际研究中也有需要克服的缺点，比如对基底电极（主要是金的单晶面）的要求较高，并且实验试剂需要自行地设计并合成等。

第三节　聚合物薄膜法

对于多分子层修饰电极的研究而言，聚合物薄膜法是研究最为广泛的方法。利用聚合物薄膜法制备的多分子层修饰电极具有三维空间结构，从而使得该种修饰电极相比单分子层修饰电极而言，拥有高浓度的活性基、较大的电化学响应、较高的机械性能、化学以及电化学性质稳定等优点。通常，单体和聚合物是制备这类薄膜电极的两个最初的出发点。如果初始所用试剂为单体可以采用电化学、等离子、辐射等手段使其聚合到电极表面。

蘸涂法、滴涂法和旋涂法是从聚合物出发制备电极常用的三种方法，除此之外还有氧化、还原电化学沉积法。

一、 电化学沉积法

用恒电流或恒电位电解、循环电位扫描等电化学氧化还原方法，在电极表面沉积具有电活性及其他功能的膜，这种膜在进行电化学测试和其他方面测试时具有一定的稳定性和重复性，这种修饰方法就是电化学沉积法。

庄瑞舫曾用这种方法制备具有很高稳定性和重复性的普鲁士蓝（PB）修饰电极。在 $0.02 \text{mol} \cdot \text{L}^{-1}$（Ⅲ）Lx（L 为邻菲绕啉、乙二胺四乙酸、水杨酸、5-磺基水杨酸、酒石酸等配体）和 $0.02 \text{mol} \cdot \text{L}^{-1} \text{K}_3 \text{Fe (CN)}_6$ 等体积或其他比例混合液中恒电流电解，混合液含 $1 \text{mol} \cdot \text{L}^{-1}$ 的 H_2SO_4，电流密度约为 $5 \mu \text{A} \cdot \text{cm}^{-2}$，电解时间一般为 10min，在 Pt、玻碳基体上电沉积形成具有电色效应的 PB 膜。这样制得的 PBCME 干燥后长期放置，膜不易脱落，在酸性至中性盐溶液中长期浸泡不破坏膜的电化学性质和电色显示功能，在 $-0.2 \sim +0.6 \text{V}$ 可循环扫描万次以上，在 $0.6 \sim 1.1 \text{V}$ 亦可循环扫描七千次以上。比用 $\text{FeCl}_3 \text{-K}_3 \text{Fe (CN)}_6$ 体系以同样方法制得的 PBCME 稳定性和重复性高很多，适用 pH 范围也有拓宽，电极以聚四氟乙烯材料作套管也不影响 PBCME 的制备和性能研究。PBCME 可用于光谱电化学、电催化和电色显示等诸多方面，因此这一研究工作很有意义。

董绍俊等用电化学沉积法制得了六氰亚铁钒修饰电极（VHFCME）。将 Pt 基

体电极在含有 Na_3VO_4 和 $K_3Fe(CN)_6$ 的强酸性溶液中于 $0.4\sim1.2V$ 之间循环扫描几分钟，制得 VHF 膜。VHFCME 在 K_2SO_4-H_2SO_4 支持电解质溶液中扫描呈现三对氧化还原峰，峰电位 E_m 分别为 $0.90V$、$0.98V$、$1.06V$，在循环伏安扫描过程中，可以清楚地观察到膜的颜色变化，电位负于 $0.6V$ 时膜呈黄色，扫描至约 $0.9V$ 时呈绿色，正于 $1.06V$ 时呈蓝色。膜的颜色变化可逆，再生及消失迅速，清晰鲜艳，而且膜的稳定性高，可望成为有广泛应用的电色显示膜。

有些配合物 CME 的制备要在上述方法基础上稍作改进。例如六氰合铁（Ⅲ）酸铜修饰电极的制备，需要先在电极表面电沉积单质铜，再在 $K_3Fe(CN)_6$ 中电解使铜氧化为 Cu^{2+}，然后与 $Fe(CN)_6^{3-}$ 结合沉积到电极表面。也可以使用活性金属材料作电极基体，直接将这种电极浸入含配阴离子的溶液中电解，制得混合价态类普鲁士蓝配合物 CME。

电化学沉积法是制备配合物及一般无机物 CME 的通用方法。该方法由于可以控制电解电流，因而可以控制成膜速度和膜的厚度。但该方法要求电化学氧化还原时，能在电极表面产生难溶物薄膜，这种膜在作电化学及其他测试时，中心离子和外界离子氧化态的变化不会造成膜的破坏。

二、电化学聚合法

通过电化学氧化还原引发，使具有电活性的物质在电极表面发生聚合，生成聚合物膜，达到修饰的目的。这样制得的 CME 表面有许多氧化还原中心，称为氧化还原型聚合物 CME。

国内外有很多氧化还原型聚合物 CME 的报道，其中二茂铁衍生物聚合物膜CME 的研究很活跃。游效曾等用电化学还原引发聚合的方法，以（2-甲酰-1-氯乙烯）-二茂铁为单体，制得了聚合物 CME。董绍俊则用电化学氧化引发聚合的方法，将 α-羟乙基二茂铁、$1,1'$-二-α-羟乙基二茂铁、乙酰基二茂铁、$1,1'$-二-乙酰基二茂铁等二茂铁衍生物聚合在玻碳电极表面。

在适宜的条件下，吡咯可以在电极表面发生电聚合，产生具有电活性的聚吡咯薄膜。聚吡咯 CME 在 $CH_3CN/(C_2H_5)_4NBF_4$、NBF（$0.1mol\cdot dm^{-3}$）中扫描，在 $-0.6\sim+0.6V$ 产生一对氧化还原峰，峰电位 E_m 在 $0.1V$ 左右。Asavapiryanont 等详细研究了吡咯在 Pt 电极表面聚合时，循环电位扫描区间、速率、溶液 pH 值、电解质种类等因素的影响，对聚合机理及聚合膜的电化学响应机理等进行了讨论。更有意义的是经聚吡咯修饰后的电极表面可以结合一些有机物质，Diaz 等将聚吡咯修饰电极在四硫富瓦烯及其羧酸盐、二环己基碳二亚胺溶液中进行循环伏安扫描，可以把上述有机物质再修饰到电极表面上去，从而可以方便地对这些物质的电化学性质及其他性质进行研究。

也可以用电聚合的方法先将化学活性物质修饰到电极表面上，再利用这些物质中含有的配位基团，把含有可取代配体的配离子通过配位反应修饰上去。Oyama、Anson 等曾制得聚 4-乙烯基吡啶、季碱化聚 4-乙烯基吡啶修饰电极，并且利用聚合物中配位基团吡啶部分，通过配位取代反应把配阴离子 $[Ru（EDTA）(H_2O)]^-$、$[Fe（CN）_5H_2O]^{3-}$ 等及配阳离子 $[Ru（NH_3）_5H_2O]^{3+}$ 等和 Cu^{2+} 等简单金属离子结合上去。更有意义的是，这类电极经酸处理使吡啶部分质化后显正电荷，可以通过静电引力结合配阴离子，如 $[IrCl_6]^{3-/2-}$、$[Fe（CN）_5]^{3-/2-}$ 及 $[Mo（CN）_6]^{4-/3-}$ 等。因而这类电极有着阴离子交换功能，称为离子交换型聚合物 CME。

氧化还原型聚合物 CME 往往具有催化功能，例如聚酞菁铁（Ⅱ）CME 可以催化氧还原。离子交换型聚合物 CME 则可望用于分析检测方面，例如聚（8-喹啉）CME 可用于 Cu^{2+} 的富集，聚（4-乙烯吡啶）CME 可用于 Cr^{3+} 的富集。因此掌握电聚合法制备 CME 是很有实际意义的。

三、等离子体聚合膜

虽然早在 19 世纪早期，人们已经知道在试管中的放电可以在电极和玻璃管的壁上形成油状或类似聚合物的物质，但那时候人们把这些产物归为无用的副产物而不加以注意。

直到 20 世纪 60 年代，人们发现辉光放电能引发单体形成聚合物，并且这些产物有优异的性能，例如等离子体聚合物薄膜具有无针孔、化学和热稳定性、不溶于有机溶剂等性能，自此等离子体聚合才被人们接受。

等离子体聚合是利用等离子体放电把单体电离离解，使其产生各类活性种，由这些活性种之间或活性种与单体之间进行加成反应形成聚合膜。也就是说等离子体聚合是单体处于等离子体状态进行的聚合。这是制备高聚物薄膜的一种新方法。

用这种方法制备的聚合膜与普通聚合膜具有不同的化学组成和物理化学特性。因此在性质上被赋予新功能，成为研制功能高分子薄膜的一种新的有效途径。如制备导电高分子膜、光刻胶膜、分离膜、高绝缘膜、光学薄膜（控制反射率、折射率的功能膜）、薄膜液导、生物医学材料、功能信息材料（包括印刷材料、光纤、纳米材料）等。

1. 等离子体聚合装置

等离子体聚合可以认为是一种广义上的等离子体化学气相沉积（PCVD），只不过放电用的气体（工作介质）是可聚合的单体，生成的物质是高分子化合物（薄膜、粉状物或油状物）。因此，等离子体聚合装置与等离子体化学气相沉积装置在类型和结构上大体相同。但由于有机单体反应性与无机放电气体不同，聚合膜和沉积膜的成膜机理不同，因此在反应器设计、内部结构、聚合条件选择和控制等方面还是有着一定的差异。

等离子体聚合装置所用放电方式包括了目前所有类型的等离子体放电形式。

(1) 真空等离子体放电装置　直流（DC）辉光放电、射频（RF）辉光放电以及最近发展起来的潘宁放电等离子体聚合装置等都可以使用。

(2) 高气压（包括大气压）等离子体放电装置　包括电晕放电（corona discharge）、介质阻挡放电（DBD）、感应介质阻挡放电（IDBD）、电弧放电（arc discharge）、等离子体枪（plasma gun）等。

等离子体聚合装置可以采用辉光放电的形式来进行，也可以采用电晕放电或其他的放电方式。但有一个制约条件，即不能使生成的高聚物因放电而分解。使用直流辉光放电，聚合膜只在阴极沉积，而阳极上几乎不沉积。如果生成的聚合物是不导电的，则在聚合物厚度达到一定程度后，直流辉光放电就不再起辉。因此通常使用射频辉光放电来进行等离子体聚合。

如果使用内电极，只要气流均匀，温度场一致，两电极上的聚合物的生长速率就基本相同。当然对聚合速率的影响还有其他许多因素，这将在以后介绍。

2. 单体

对常规高分子聚合反应来说，可作为单体的物质必须具有不饱和键或某种特定官能团，像甲烷、乙烷、苯之类的碳氢化合物在常规的化学反应情况下是不能发生聚合的，这就限制了单体的选择范围。但是，等离子体聚合法大大拓宽了单体物质的种类。甲烷、乙烷、苯之类的碳氢化合物，在等离子体放电条件下几分钟内能聚合成 $3nm \sim 1\mu m$ 的透明薄膜。

3. 等离子体聚合工艺过程

等离子体聚合的工艺过程简单，无论是内电极还是外电极式，一般均包括以下几个步骤：

① 真空室要抽本底真空，达到 13Pa 以下。对控制氧或氮含量有特殊要求时本底真空要求还要高。

② 充入单体蒸气或充入载气和单体的混合气体。并保持设定的气压值在 $13 \sim 130Pa$。对要求动态工作的成膜过程，应当选取适当的流量和流量控制方式，一般流量为 $10 \sim 100mL \cdot min^{-1}$。

③ 放电功率适当选择。如反应器容积为 1L 时，放电功率为 $10 \sim 30W$ 的等离子体，就能在基片表面生成聚合物薄膜。等离子体聚合膜的生长速率随单体的种

类和工艺条件的不同而变化，一般在 $100nm \cdot min^{-1} \sim 1\mu m \cdot min^{-1}$。但薄膜不宜太厚，如果膜厚超过 $10\mu m$ 则易引起各种缺陷和附着力低的问题。例如由于聚合膜与基片的热膨胀系数不同及热应力等原因出现剥离现象，以及聚合膜自身也可能出现裂纹等问题。

④ 针对不同反应单体成膜要求，选择电源种类和放电参数。

⑤ 在线诊断反应过程中等离子体参数。

4. 等离子体聚合的特点

① 大大拓展了聚合物质的种类。尽管各种单体所含的官能团不同，性质各异，因而聚合速率不一，但从本质上讲几乎所有的有机物质都可以用作单体（当然单体必须能气化）。

② 通过控制反应气体、放电参数、装置参数等在某种程度上可以控制生成的聚合膜的交联和支化度，从而可以控制聚合膜的机械强度、化学稳定性和热稳定性。

③ 等离子体聚合作为一种"干式"工艺，操作起来方便灵活。例如易于实现和固态单体间的共聚合。

④ 能够引入氧、氮、氟、水等非聚合性分子或它们的残基，还可根据需要进行掺杂，也可以连续或间歇式地改变工艺条件以期进行"集成化"淀积。

因此等离子体聚合对赋予合成高分子膜以新的功能是十分有效的，这为制备新型功能材料提供了一个新手段。

四、浸涂法

浸涂法是将溶解在适当溶剂中的聚合物涂覆于电极表面，待干燥固化后生成涂膜结合在电极表面，达到化学修饰目的的方法。

浸涂方法如下：

① 将电极浸入聚合物溶液中，取出后使附着于电极表面的溶液干燥固化成膜。

② 用微量注射器把一定已知量的聚合物溶液注射到电极表面上使其干燥固化成膜。

③ 电极在聚合物中旋转，使其溶液附着于电极表面，然后干燥固化成膜。

以上三种浸涂方法中，方法①最简单，但涂膜与电极表面的结合牢度无法控制。方法②较方法①的主要优点在于涂膜的量可以控制。方法③涂膜的量虽无法控制，但涂膜较均匀。

浸涂法能适用于多种类型的聚合物修饰电极的制备，包括具有氧化还原中心的聚合物、具有离子选择性能和离子透过性能的聚合物、高分子配合物、高分子电解质、具有光敏效应的聚合物和导电性共轭高分子等类型的修饰电极的制备。

黏土类无机高分子也可以按照相同的方法修饰到电极表面上。可以沉积几种聚合物后与同一种电活性物质配位得到 CME，也可以沉积一种聚合物后与几种电活性物质配位制得 CME。

第四节　丝网印刷

丝网印刷技术制作电化学传感器的换能元件是目前制备一次性使用电化学传感器电极的主要方法。丝网印刷以丝网印版为模具，所制作传感器电极的大小和形状可以改变，易微型化和集成化。近年来，由于丝网印刷技术引进，电化学传感器在制备技术上走向批量化、小型化及一次性方向发展。应用方面，丝网印刷电化学传感器在生物医学、工业及环境等领域取得了较大进展，有许多传感器已商业化。

丝网印刷的基本原理：丝网印版图像部分的网孔能够透过油墨漏印至承印物上；印版上其余部分网孔堵死不能透过油墨，在承印物上形成空白。丝网印刷工艺中最关键的环节就是印版的制备。传统的制版方法多用手工镂空制版，现代较普遍使用的是光化学制版法（感光制版法）。这种制版方法，以丝网为支撑体，将丝网绷紧在网框上，然后在丝网上涂布感光胶，形成感光膜，再将阳图底版密合在感光膜上，经曝光后显影。印版上需要过墨的图像部分的网孔不封闭，印刷时油墨透过，在承印物上形成图案。丝网印刷制膜工艺流程大致如图 7-2 所示。

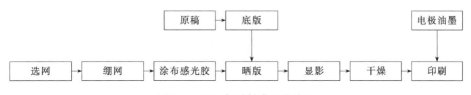

图 7-2　丝网印刷制膜工艺流程

原稿是要制作的传感器试条的图形，底版是丝网印刷的阳图案，一般将原稿刻绘在胶片上得到晒版用的底版。丝网是制作网版的骨架，是支撑感光胶或感光膜的基体。根据印刷的要求，选择合适的丝网是创造高质量印刷产品的首要问题。

在丝网印刷中，对丝网的性能有以下基本要求：抗张强度大，断裂伸张率小，回弹性好，耐湿度变化的稳定性好，油墨通过性好，对化学药品的耐抗性好。

网框是支撑丝网用的框架，由金属、木材或其他材料制成，分为固定式和可调式两种。通常应满足绷网张力的需要，坚固耐用、轻便价廉、黏合性好。绷网前应先对网框进行粗化处理，以提高网框与丝网的黏合力，并清洗、干燥。绷网的方法多种多样，有手工绷网、器械绷网、机动绷网、气动绷网等。感光胶是丝网印刷印版的图形材料，因此要求较高：制版性能好，便于涂布；感光范围适当，便于选择光源和操作；光敏感度高，成像效果好；稳定性好，便于储藏；抗有机溶剂能力强，适用不同种类的油墨；成膜后还应有相当强的耐压力，以便多次印刷。

晒版是把阳图底版的膜面密合在感光膜上曝光。晒版前应让感光膜彻底干燥。感光胶在液体阶段感光度低，感光度随着感光胶膜干燥程度增加而上升。

显影是将感光版上未曝光的部分剥离，得到渗透性图案，即印版。印刷电极条的油墨主要有银油墨和碳油墨两大类。银油墨用来印刷制作电极条的基轨，以提高导电性；碳油墨铺在银轨上，以阻止银与溶液接触，并在上面连接生物分子。丝网印刷电极条常包括工作电极和参比电极。工作电极表面固定有识别分子：酶、抗体、核酸等。一般以丝网印刷 Ag/AgCl 层作参比电极。

丝网印刷电化学传感器给生物医药、环境分析等提供了一个远离集中的实验室的机会。采用现代技术制得的一次性使用的丝网印刷电极集中了以上的特点及可携带性、便宜的制造技术等优点。最早的丝网印刷传感器主要集中在血糖的测定方面，从那以后其应用逐渐拓展到诸如生物分子、杀虫剂、离子及潜在的污染等方面。此外，丝网印刷传感器有望进入家庭。故此，希望能研制出更加合适的油墨及材料，开发出分析范围更宽的丝网印刷传感器，更希望开发出能使用电池的便携式传感器以用于生物医学、工业、环境等领域的在体、在线分析。

第五节　溅射镀膜技术

溅射是薄膜淀积到基板上的主要方法。溅射镀膜是指在真空室中，利用荷能粒子轰击镀料表面，使被轰击出的粒子在基片上沉积的技术。溅射工艺原理见图 7-3。

一、溅射镀膜分类

溅射镀膜分为两类：离子束溅射和气体放电溅射。

1. 离子束溅射

离子束溅射是一种物理气相沉积技术，其原理是在真空室利用辉光放电产生高能氩离子束轰击靶表面，使靶材表面脱离本体并沉积在样品表面，常被用于电镜实验样品的前处理过程，近年来也被用于薄膜器件的制备。溅射出的粒子在基片表面成膜。特点如下：

① 离子束由特制的离子源产生；

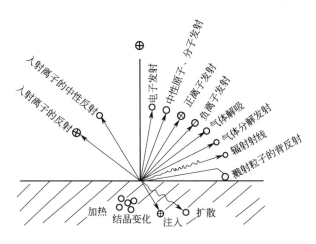

图 7-3 溅射工艺原理

② 离子源结构复杂，价格昂贵；

③ 用于分析技术和制取特殊薄膜。

王婉等采用离子溅射技术制备了一种新型金膜修饰片状玻璃电极，该电极制备过程简单、成本低，可实现批量制备。

2. 气体放电溅射

气体放电溅射利用低压气体放电现象产生等离子体，产生的正离子被电场加速为高能粒子，撞击固体（靶）表面进行能量和动量交换后，将被轰击固体表面的原子或分子溅射出来，沉积在衬底材料上成膜。

二、溅射镀膜工艺特点

① 整个过程仅进行动量转换，无相变；

② 沉积粒子能量大，沉积过程带有清洗作用，薄膜附着性好；

③ 薄膜密度高，杂质少；

④ 膜厚度可控性、重现性好；

⑤ 可制备大面积薄膜；

⑥ 设备复杂，沉积速率低。

三、溅射的物理基础——辉光放电

溅射镀膜基于高能粒子轰击靶材时的溅射效应。整个溅射过程建立在辉光放电的基础上，使气体放电产生正离子，并被加速后轰击靶材的离子使其离开靶材，沉积成膜。

不同的溅射技术采用不同的辉光放电方式，包括：直流辉光放电——直流溅射，射频辉光放电——射频溅射，电磁场中的气体放电——磁控溅射。

① 直流辉光放电指在两电极间加一定直流电压时，两电极间的稀薄气体（真空度为 13.3~133Pa）产生的放电现象。

② 射频辉光放电指通过电容耦合，在两电极之间加上射频电压，而在电极之间产生的放电现象。电子在变化的电场中振荡从而获得能量，并且与原子碰撞产生离子和更多的电子。

③ 电磁场中的气体放电是在放电电场空间加上磁场，放电空间中的电子围绕磁力线作回旋运动，其回旋半径为 eB/mv，磁场对放电的影响效果因电场与磁场的相互位置不同而有很大的差别。

四、 溅射镀膜的用途

近年来，采用低成本材料取代铂对电极对于染料敏化太阳能电池的发展非常重要。而且除了材料本身，电极的制作能够直接影响其电催化活性和稳定性。曹雪芹等研究了采用磁控溅射在 FTO（掺氟的 SnO_2 透明材料）导电玻璃基底上原位制备 $MoSe_2$ 电极的方法，并考察其作为对电极的综合性能。制备过程中，首先将硒刮涂在基底，接着在上层磁控溅射金属钼，然后于不同温度下在氩气气氛中焙烧制得 $MoSe_2$ 对电极，金属硫族化合物对于 I_3^- 的还原反应具有电催化活性，有望用作染料敏化太阳能电池对电极材料。

第六节　其他几种常用修饰电极制备方法

一、组合法

组合法是将化学修饰剂与电极材料简单地混合以制备组合修饰电极的一种方法，一般有直接混合法和间接法两种。直接混合法是将修饰剂、碳粉和黏液三者按一定比例直接混合制取电极的方法，其中最经典的是碳糊电极。间接法又称溶解法。是将修饰剂直接溶解在黏液中，再加入碳粉混合制备。这种方法仅限于亲脂性很强的修饰剂，必要时可加热促进溶解。

二、催化诱导沉积法

在电极表面引入催化活性中心，利用催化活性中心对修饰体系的催化诱导使之发生氧化还原反应，产生难溶配合物，沉积到电极表面达到修饰的目的，这样的方法称催化诱导沉积法。

Kellawi 等发现在金属基体上引入银斑，银斑直径的大小可以控制普鲁士蓝沉积的速度，他对这一现象作了解释。以含有银斑的铂电极为例，他认为，银斑与铂电极之间构成微电池，银斑为阳极，发生 $H_2O \Longrightarrow 2H^+ + \frac{1}{2}O_2 + 2e^-$ 的反应；而铂基体则为阴极，发生 $Fe(CN)_6^{3-} + e^- \Longrightarrow Fe(CN)_6^{4-}$ 以及 $4Fe^{3+} + 3Fe(CN)_6 + 12e^- \Longrightarrow Fe_4[Fe(CN)_6]_3$ 的反应。由于银斑的催化诱导控制了沉积速度，使得 PB 膜均匀致密地附着在电极表面，提高了 PBCME 的稳定性。Neff 等则发现，当把金属基体插入 $FeCl_3$-$K_3Fe(CN)_6$ 体系中的同时将一铜丝或铁丝与基体接触，可以加速 PB 膜在基体上的沉积速度，这主要是由于铁丝、铜丝与 $Fe(CN)_6^{3-}$ 反应，促进了 $Fe(CN)_6^{4-}$ 的生成。

三、溶剂蒸发法

溶剂蒸发法是将聚合物溶解在易挥发溶剂（如甲醇等）中，再用微针筒将这种溶液取出转移到电极表面上，待溶剂蒸发后，即可得到预期的 CME。或先将聚合物与电活性物质同时溶解在易挥发溶剂中使之发生配位反应之后再如法制备 CME。这种方法与浸涂法相比，制得的膜均匀性较好，而且量可控制，但要求溶剂很易挥发。

浸涂法和溶剂蒸发法是制备涂层电极的通用方法。Anson 等曾将几种金属配合物修饰在聚乙烯吡啶（PVP）涂层电极上，这一工作意义重大，可以用来研究两种以上金属配合物催化剂的循环催化作用。他还将电极表面覆盖不同聚合物配体之后，再修饰同一金属配合物，用来研究聚合物的键合力和动力学性质。

四、蒸着法

蒸着法是将修饰剂在一定真空度条件下，加热蒸发使其升华并附着在电极表面，达到修饰的目的。Green 等将 Fe（Ⅱ）、Co（Ⅱ）、Cu（Ⅱ）、Zn（Ⅱ）的酞菁配合物在 5×10^{-6} Torr（1Torr＝133.3224Pa）的条件下，以 $1 \sim 10$Å·s^{-1} 的成膜速度蒸发到金属或金属氧化物上形成厚度约为 1600Å 的修饰层、研究了 CME 的光谱、能谱及电化学行为。

五、化学沉积法

利用制备体系中氧化还原等反应的产物使其自动地沉积到电极表面而制得 CME 的方法即为化学沉积法。该法应用很早，但由于反应速度难以控制，制得的膜往往不均匀，稳定性和重现性较差。

Neff 曾以 $FeCl_3$-$K_3Fe(CN)_6$ 体系用该法制得 PB CME，开创了混合价态配合物修饰电极研究领域，但制得的膜不稳定，重现性也差。著者曾以 $Fe(Ⅲ)L_x$-$K_3Fe(CN)_6$ 体系（L 为 5-磺基水杨酸等）用化学沉积法制得高稳定性 PBCME。

其他尚有不少 CME 制备方法，如电泳移动的电着法等，有些新型的制备方法可以得到精确的修饰层，均有文献报道，在此不再赘述。

化学修饰电极的研究和应用涉及的领域很广，已经引起人们的重视和兴趣，相信不久的将来将会有很大的进展。

第八章

新型电化学传感器的研究概述

近年来，由于在工业生产、家庭安全、环境监测和医疗等领域对化学传感器的精度、性能、稳定性方面的要求越来越高，因此对化学传感器的研究和开发也越来越重要。随着先进科学技术的应用，气体传感器发展的趋势是微型化、智能化和多功能化。

深入研究和掌握有机、无机、生物和各种材料的特性及相互作用，理解各类化学传感器的工作原理和作用机理，正确选择各类传感器的敏感材料，灵活运用微机械加工技术、敏感薄膜形成技术、微电子技术、光纤技术等，使传感器性能最优化是气体传感器的发展方向。

第一节　基于碳纳米材料的电化学传感器

随着科学技术的进步，研究者发现空间尺寸在 $0.1\sim100nm$ 的物质拥有很多宏观状态下没有的特性。把这些具有一定功能性、三维空间尺寸至少有一维介于 $0.1\sim100nm$ 的一类物质统称为纳米材料。

纳米材料由于具有良好的力学、电学及化学性能而被人们广泛研究，具有大比表面积、高电导率和良好生物相容性的碳纳米管、碳纳米纤维和石墨烯更是研究的热点。这些新型碳材料具有许多优异的物理和化学特性，被广泛地应用于诸多领域，特别是在电化学领域中显示出其独特的优势。

碳单质很早就被人认识和利用，它在常温下的化学性质比较稳定，不溶于水、稀酸、稀碱和有机溶剂。利用现代科技的不同制备方法，可以制备出不同独特空间结构和特异性能的碳纳米材料，其中包括零维的富勒烯、一维的碳纳米管、二维的石墨烯和三维的石墨或金刚石。依靠独特的空间结构和优异的化学性能，它们可以应用于各个领域中。接下来我们主要介绍一下碳纳米管和石墨烯。

一、碳纳米管

碳纳米管（CNTs）是 1991 年日本物理学家 Iijima 在高分辨透射电子显微镜下检验石墨电弧中产生的 C_{60} 时首次发现的。它是一种纳米尺度的具有完整分子结构的一维量子材料，可以看成是由类似石墨的平面围绕中心轴卷曲而成的无缝中空管，顶端是由碳五元环和六元环构成的管帽。其中每个碳原子通过 sp^2 杂化与周围 3 个碳原子以 σ 键相互键合。

1. 碳纳米管的分类

根据管壁的层数可以分为单壁碳纳米管（single-walled carbon nanotubes，SWCNTs）和多壁碳纳米管（multi-walled carbonnano tubes，MWCNTs）。其中MWCNTs 相邻的层之间的间距相当，约为 0.34nm。

根据 CNTs 中碳六边形沿轴向的不同取向可以将其分成锯齿管、椅型管和手性管三类，具体结构见图 8-1。

正是由于 CNTs 尺度、结构和拓扑学等方面的特殊性，使它既不是典型的微观系统，也不是典型的宏观系统，它具有许多奇特的物理、化学性能和潜在的巨大应用前景，目前已成为物理学、化学和材料学等领域的研究热点之一。

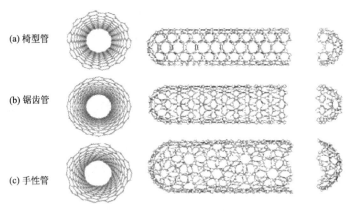

(a) 椅型管

(b) 锯齿管

(c) 手性管

图 8-1　几种不同类型的碳纳米管

2. 碳纳米管的电化学性质和制备方法

电化学研究工作中一直大量使用碳质材料作为导电和电活性材料，且该材料已在传感器、电池、电容器、电合成、储能等领域广泛应用。CNTs 具有较小的半径、非常高的比表面积、良好的导电性能和机械性能，是电化学领域所需的理想材料。CNTs 由于其独特的电子特性和表面微结构，在电化学方面有着广阔的应用前景。

① CNTs 的管径小，比表面积非常高，特别是理想状态的 SWCNTs，其组成原子全部为表面原子，用它来修饰电极将使电极的真实表面积大大提高，为电化学反应提供充足的反应场所。

② CNTs 具有碳质材料稳定的化学和电化学性能。同时，较之传统的碳质材料，CNTs 中电子转移的动力学行为更好，接近理想状态的能斯特方程，CNTs 制成的电极能促进反应中的电子传递。

③ CNTs 表面原子多，表面能高且原子配位不足。CNTs 开口处由于存在五元环，或者开口端含有金属催化剂以及更大的曲率，使得开口端比侧壁反应性更强。且经过酸化处理、气相氧化、等离子蚀刻等，可使 CNTs 的侧面和端口带有很多的官能团（如—OH、—COOH）和表面缺陷，这为反应提供了非常多的活性位点，很易与其他物质发生吸附和电子转移作用，能够大大提高电子的传递速度，表现出优良的电化学性能。

④ CNTs 上活性基团的存在和其表面较强的化学活性为 CNTs 的表面修饰提供了有利条件。B 和 N 等掺杂剂的取代性被用于制备 p 型和 n 型 CNTs。可通过化学反应或在其表面沉积金属等对其进行化学修饰，制备理想的修饰电极。

到目前为止，已开发出多种 CNTs 生产工艺，目前常用的制备方法有：电弧放电法、激光烧蚀法、化学气相沉积法、低温固相热解法、辉光放电法、离子轰击生长法、太阳能法、电解法、原位催化法、水热合成法、气体燃烧法、聚合反应合成法以及氧化铝为模板法的模板等。

3. 碳纳米管的应用

基于 CNTs 独特的结构和优异的力学、电学和化学等性能，人们正在致力研究开发它在各个领域的应用。下面主要介绍 CNTs 在电化学领域的应用：

① CNTs 及其修饰电极。由于 CNTs 具有良好的导电性、优异的催化活性和较大的比表面积，尤其可以大大降低过电位并对部分氧化还原蛋白质进行直接电子转移，因此被广泛用于修饰电极的研究，并对生物分子进行检测。CNTs 修饰到电极表面后，其表面的醌式基团和较大的比表面积可以选择性地吸附某些物质，达到物质分离和富集的目的，并通过电化学仪器使物质在复杂体系中得到了检测。CNTs 修饰电极的使用能够改善生物分子氧化还原的可逆性，降低过电位，同时检测多种分子。

② 催化剂载体。由于 CNTs 较大的比表面积和优异的稳定性，它可以作为化学催化剂的载体，以增加化学反应的效率。研究人员利用 CNTs 开口顶端的活性基团吸附一些活性高的粒子，做成分子水平的催化剂。CNTs 可作为碱性燃料电池中 H_2 氧化反应的催化剂。如载有 Pt-Co 双金属粒子的 CNTs 在温和的条件下能催化肉桂醛的加氢反应，具有活性高和选择性好等优点。用三苯基磷修饰的 Pt 纳米颗粒均一地分散在 MWCNTs 表面而制成的 Pt/CNTs 催化剂，它对甲醇氧化具有

很高的电催化活性且抗 CO 中毒能力强，并且其性能已经超过了商用的 E-TEK 催化剂。另外，将石油工业上常用的催化剂镍、铁等用溶解-沉淀法将其离子吸附于碳管上，可制备出催化能力高出数倍的且在高温下催化剂金属不挥发、不熔合和不失活的优良催化剂。

CNTs 独特的结构和特异的力学、电学和化学性能让其在各领域的方方面面都有大量的应用，并且对其潜在的应用研究还远远没有结束。科学家们预言，未来对碳纳米管的研究仍将是人们关注的热点。

另外，将 CNTs 应用于各类生物分子的电化学传感的研究近年来已成为快速发展的领域之一，具有十分良好的发展前景，值得关注。

二、石墨烯

2004 年，英国曼彻斯特大学的海姆等首次用透明胶法成功从石墨制得了稳定存在的石墨烯。这一发现在科学界引起了巨大的轰动，不仅是因为它打破了二维晶体无法真实存在的理论预言，重要的是石墨烯的出现带来了众多出乎人们意料的新奇特性，使它成为继 C_{60} 和 CNTs 后又一个里程碑式的新材料。

1. 石墨烯的结构、性质及制备方法

石墨烯是最新发现的一种具有很多潜在应用价值的低维碳纳米级材料，它是碳原子紧密堆积成单层二维蜂窝状平滑的晶格结构的一种碳质新材料。理想的石墨烯结构是平面六边形点阵，可以看作是一层被剥离的石墨分子。它的厚度只有 0.335nm，仅为头发直径的 20 万分之一。将石墨烯包起来可以变成零维结构的 C_{60} 球体；还可以由石墨烯面上某一直线为轴，卷曲 360° 而形成无缝中空管，变成一维结构的 CNTs；此外，如果将石墨烯平行放置，堆积在一起，就形成三维结构的石墨。如图 8-2 所示。

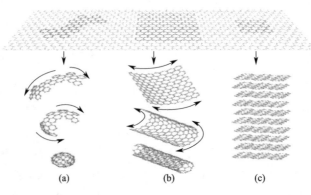

(a)   (b)   (c)

图 8-2　单层石墨烯（2D）与（a）富勒烯（0D）、（b）碳纳米管（1D）或（c）石墨（3D）之间的转变

石墨烯独特的平面二维蜂窝状结构赋予了它优异的力学、热学和电学性质。石墨烯是已知材料中最薄的一种，具有很大的比表面积，是人类已知强度最高的物质，比钻石还坚硬，强度比世界上最好的钢铁还要高上 100 倍。石墨烯表现出很多奇特的电学性质。石墨烯是一种没有能隙的物质，显示金属性。稳定的晶格结构使碳原子具有优异的导电性，它在室温下传递电子的速度比已知导体都快，石墨烯中电子的典型传导速率为 $8 \times 10^5 \mathrm{m} \cdot \mathrm{s}^{-1}$，这虽然比光速慢很多，但是却比一般半导体中的电子传导速度快得多。石墨烯中电子是没有质量的，而且是以恒定的速率移动，所以直接导致了它的导电性能是恒定的。石墨烯特有的能带结构使空穴和电子相互分离，导致了新的电子传导现象的产生，例如不规则量子霍尔效应。石墨烯在常温下还表现出了异常的整数量子霍尔行为，其霍尔电导为 $2\mathrm{e}^2 \cdot \mathrm{h}^{-1}$、$6\mathrm{e}^2 \cdot \mathrm{h}^{-1}$、$10\mathrm{e}^2 \cdot \mathrm{h}^{-1}$，是量子电导的奇数倍。

正是由于以上奇妙的性质，石墨烯是现今应用较广的碳纳米材料，在新型超导材料、微电子、表面处理、催化以及电分析化学等方面具有非常重要的应用前景。很多学者都在致力于探索单层石墨烯的制备方法，特别是制备较大量的具有稳定结构石墨烯的途径。迄今为止，研究人员已经发展了多种制备方法以得到不同用途的石墨烯。这些方法主要有：微机械分离法、加热 SiC 的方法、模板法、取向附生法、化学气相沉积法、氧化石墨还原法和解开碳纳米管的方法。

由于优异的电学、热学和力学性能，石墨烯材料在各个领域都有一定的应用，尤其是在高性能纳电子器件、复合材料、场发射材料、气体传感器及能量存储等领域有望获得广泛应用。下面主要介绍它在电化学方面的应用。

2. 石墨烯在电化学传感器中的应用

近年来，石墨烯在电子器件、能量存储与转换、生物科学与技术等方面获得了广泛的应用。石墨烯优越的电化学行为使得其成为电化学分析中的优良电极材料，石墨烯及其复合材料逐渐被应用到电化学传感器之中。

基于石墨烯的纳米材料，采取免催化剂的方法，在硅片基底上生长出厚度为几十纳米的石墨层薄膜，该石墨层包含有几百层堆积在一起的石墨烯片层。通过高分辨的透射电镜、扫描电子显微镜、X 射线能谱进行表征，发现制备的石墨烯片层的电化学性能优越，在二茂铁电对上得到了快速的电子转移，并实现了对多巴胺、抗坏血酸和尿酸的连续测定。

石墨烯修饰电极上的氧化、还原峰电流比在裸玻碳电极上的灵敏度要高。在透射电镜下观察表明石墨烯的结构为单片层至多层之间。比起石墨电极或玻碳电极，还原态氧化石墨烯修饰电极对探针分子呈现出较大的电化学响应，这主要是由于氧化石墨烯表面存在着大量含氧基团。

石墨烯已经成功地应用在了生物电化学中。使用厚度低于 100nm 的石墨片层制备的一种葡萄糖传感器，实现了葡萄糖在石墨片层上的直接电子传递。石墨烯片层能够支持几种金属中心蛋白的氧化还原中有效的电子缠绕，当这些金属蛋白与石墨烯形成复合物时，能够有效保持完整的结构和生物活性。这些性质表明石墨烯和蛋白的复合物能够应用在生物传感器和生物燃料电池之中。

由于具有优异的电化学性质和生物相容性，基于石墨烯的纳米复合材料可以完成氧化还原酶的直接电子传递，并能使这些酶保持较好的生物活性，图 8-3 显示了酶分子固定在石墨烯纳米纤维和碳纳米管表面的示意图。在石墨烯纳米纤维表面修饰上具有生物识别功能的分子，可以获得一种新型高效的电化学生物传感器，该传感器具有良好的灵敏度、稳定性和重现性。研究表明，同碳纳米管和石墨相比，平板纳米纤维片层是制作生物传感器的最优良的材料。

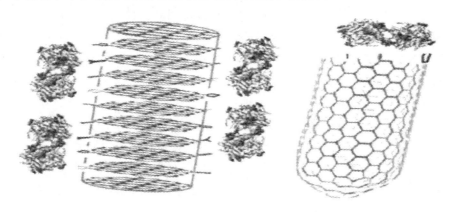

图 8-3　酶分子固定在石墨烯纳米纤维和碳纳米管表面的示意图

第二节　基于分子印迹的电化学传感器

分子印迹聚合物制备的电化学传感器环境适应能力强，选择性不易受到环境影响，使用寿命长，成本低廉，易于实现工业生产，因此受到科研工作者的重视，有望广泛应用于环境分析、临床诊断、食品分析等领域。

分子印迹聚合物制备的传感器包括电化学式传感器、光化学式传感器和质量型传感器三种类型。

一、分子印迹电化学传感器的检测原理及分类

通过合适的方法将分子印迹膜固定在电极的表面，可以制备分子印迹电化学

传感器。检测时，目标分子与印迹膜结合，在传感器表面产生电信号，通过信号的变化情况实现对目标分子的检测。

目前，已经被报道的分子印迹电化学传感器的类型包括电位型传感器、电容型传感器、电导型传感器、电流型（安培型和伏安型）传感器。

1. 电位型传感器

电位型传感器是通过分子印迹聚合物膜对目标分子选择性结合前后电极电位的变化值来进行测定分析的。它不需要目标分子扩散穿过印迹膜，能够实现快速响应。另外，可以通过将分子印迹膜与半导体相结合，制备化学及离子敏感场效应转换器型的分子印迹传感器，它的测定是通过印迹膜对目标分子的识别而引起的膜电位的变化进行的。

2. 电容型传感器

电容型传感器是通过分子印迹聚合物膜对目标分子特异性识别前后电容的变化来进行检测。该传感器灵敏度高，操作方便。Panasyuk 等首次制备了分子印迹电容型传感器，通过在金电极表面电聚合苯酚和模板分子苯丙氨酸制备了一层敏感膜，通过化学阻抗的方式研究了这层绝缘膜。并且通过在聚合前自组装羟基苯硫酚和在聚合后组装烷硫醇来填补这层膜的化学缺陷，最后将模板分子除去完成传感器的制备。制备此类传感器的关键是具有良好绝缘性、自组装层的构造和超薄膜的制备。

3. 电导型传感器

电导型传感器是通过目标分子与分子印迹聚合物膜结合后引起的电极导电性能变化来确定目标物浓度的。这种类型的传感器原理简单，关键是印迹膜的制备、模板分子的洗脱和膜的保存。这种传感器的缺点是选择性不够，体系中的微量杂质对测定也会产生较大干扰。

4. 电流型传感器

电流型传感器是通过分子印迹聚合物膜对目标分子选择性识别前后电流的变化进行分析测定。这类传感器目前应用最广泛，优点是灵敏度高和检测限低。电流型传感器既可以检测电活性物质，也可以检测非电活性物质。不同的检测方法可以用于测定不同化学性质的目标分析物，目前可以采用的检测手段有示差脉冲伏安法、方波伏安法、循环伏安法、计时电流法等。Bansi D. Malhotra 在电极表面直接电聚合苯胺（PANI），将印迹分子抗坏血酸（AA）直接包裹在其中，再通过过氧化的方式除掉模板分子抗坏血酸，从而制备了选择性的分子印迹膜，可以通过电流法对目标分子进行检测。电极表面的电镜图如图 8-4 所示，从图中也可以看出含有分子印迹膜的表面（c）较不含有分子印迹膜的表面（a）更为均匀致密。

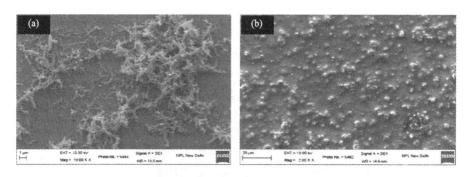

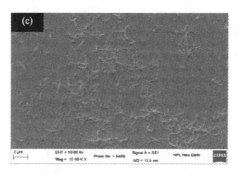

图 8-4　分子印迹聚合物膜修饰电极的扫描电镜图

（a）NIP-PANI/ITO；（b）AA-PANI/ITO；（c）AA-MI-PANI/ITO

二、分子印迹电化学传感器的制备方法

分子印迹膜的制备是分子印迹电化学传感器制备的基础，根据分子印迹膜的制备方法不同，可以将分子印迹电化学传感器的制备方法分为以下几类。

1. 涂膜法

涂膜法是一种间接成膜法，一般先采用化学聚合方法制备分子印迹颗粒，然后将预聚合得到的分子印迹颗粒溶于有机溶剂，将混合溶液通过滴涂、旋涂或蘸涂等方式固定到电极表面，待溶剂挥发后会在电极表面形成相应的分子印迹聚合物膜。这种膜的制备通常选用的单体是甲基丙烯酸（MAA）、4-乙基吡啶（4-VP）或丙烯酰胺（AM）的衍生物，交联剂为二甲基丙烯酸乙二醇酯（EGDMA）、三羟甲基丙烷三丙烯酸酯（TMPTA）等，致孔溶剂为二甲基甲酰胺或二甲亚砜，单体和交联剂在致孔性溶剂中以偶氮二异丁腈（AIBN）为引发剂，通过光照或其他方式引发聚合形成分子印迹颗粒。通过该法制备的分子印迹膜具有良好的分子识别特性，缺点是聚合物颗粒的制备过程十分繁琐，印迹膜厚度难以控制，且印迹膜的表面粗糙,容易脱落,因此制得的传感器重现性较差。

2. 原位引发聚合法

原位引发聚合法是一种直接的成膜法,是将发生分子印迹聚合所需的原料混合后加到电极表面,通过光或热引发上述混合物发生聚合反应形成聚合物,分子印迹聚合物在电极表面直接生成。这种方法制备过程简单,并且印迹膜不容易脱落,但是印迹膜厚度不好控制,并且残留在膜中的过量单体或引发剂可能给测定带来干扰。

3. 自组装法

自组装法是指模板分子与功能单体、交联剂在某些力的作用下自动形成分子印迹聚合物。这是一种简单、自发的制备方法,并且基底材料的形状对印迹膜没有影响。根据自组装法制备分子排列有序稳定的分子印迹膜修饰的电化学传感器可以实现一些特定的电化学响应。

4. 电化学聚合法

电化学聚合法是在电极表面发生电聚合反应直接生成聚合物膜。再通过化学或者物理方法洗脱掉模板分子即得到电聚合分子印迹电极。印迹聚合物膜的制备可以采用恒电位、恒电流聚合或者循环伏安扫描的方法。这种方法制备分子印迹传感器具备独特的优越性:制备方法简单,反应可在室温下进行。

三、分子印迹电化学传感器的应用

分子印迹电化学传感器因为具有生物识别元件的高识别性能,又具有普通生物识别元件不具备的强大的环境适应能力,因而在生物识别领域得到了广泛研究和应用。它可以模拟一些生物识别元件,例如酶和抗体,对一些特定的目标分子进行选择性检测分析,得到了良好的效果。近些年,一些利用分子印迹电化学传感器检测生物大分子的方法也被开发出来。但是由于分子印迹电化学传感器对小分子的检测具有实时、快速、廉价、便捷的优点,依然是目前的研究热点。

目前有大量文献报道针对生物小分子的检测,例如对多巴胺、抗坏血酸、尿酸、葡萄糖等物质的检测。但是多数都是采用传统的丙烯或乙烯类聚合物膜,成膜过程复杂且容易脱落。武五爱等在弱酸性条件下,以邻氨基酚为单体交联剂,米托蒽醌为模板分子,用循环伏安法电聚合成米托蒽醌分子印迹聚邻氨基酚敏感膜传感器,然后在 $0.50mol \cdot L^{-1}$ 的 H_2SO_4 溶液洗脱,成功制备印迹空穴,能够实现对米托蒽醌的良好的检测性能。米托蒽醌分子印迹膜的制备过程如图 8-5 所示。

这种电聚合分子印迹膜的制备过程更为简便,并且性能良好。近几年来,姚守拙等发表了一系列利用电沉积溶胶-凝胶的方法制备分子印迹传感器的文章,实

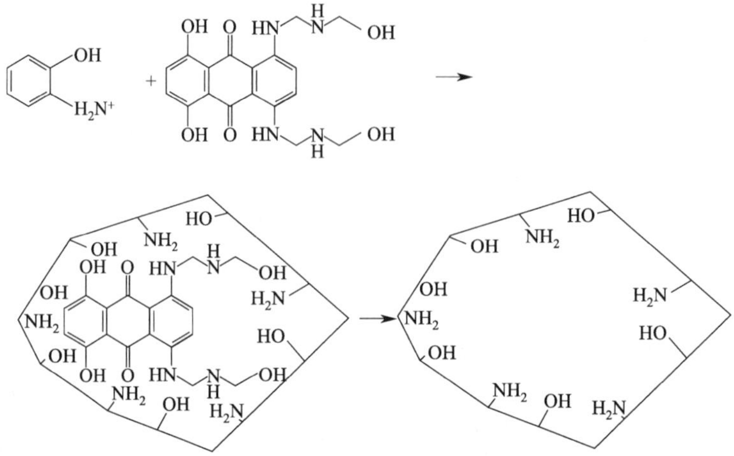

图 8-5　米托蒽醌分子印迹膜的制备过程

现了对 L-苯丙氨酸、L-组氨酸、胸腺嘧啶核苷等多种生物小分子的检测，展示了
分子印迹电化学传感器检测生物小分子良好的应用前景。

第三节　基于离子敏感场效应晶体管型的电化学传感器

　　离子敏感场效应晶体管（ion sensitive field effect transistor，ISFET）是一种
微电子离子选择性敏感元件，兼有电化学和晶体管的双重特性。ISFET 的突出优
点为小型化，超小型 ISFET 尖端栅部的硅可做成 $30\mu m$ 宽。ISFET 以其敏感区面
积小、响应快、灵敏度高、输出阻抗低、样品消耗量少、易于批量制造和成本低
等优势，在临床、食品、环境、军事甚至机器人方面都得到应用，特别是在生物
化学传感器领域将起着越来越重要的作用。

一、ISFET 的制造技术和工作原理

　　ISFET 是离子敏感、选择电极制造技术与固态微电子学相结合的产物，IS-
FET 的一大突出优势是可以采用互补金属氧化物半导体芯片（CMOSIC）工艺批
量制作，工艺简单。ISFET 与普通金属氧化物半导体场效应晶体管（MOSFET）
的差别只在于栅介质。MOSFET 使用导电介质作栅，而 ISFET 是用对溶液中离子
敏感的介质膜作栅。在制作好栅氧化层的基础上，如果是 Si_3N_4 膜，可采用低压力
化学气相沉积法（LPCVD）法淀积；若是 Al_2O_3 膜，则采用溅射工艺淀积。为防

止沟道区 n 型硅表面反型而产生漏电流，可采用 P$^+$ 保护环把漏区包围起来。

ISFET 的参比电极一般与它集成在同一个芯片上。制作好 ISFET 后，再刻蚀窗口，蒸发金属电极。电极周围一般用聚合物膜保护。钝化保护是将光聚合钝化层旋涂到整个硅片表面，然后显影。

ISFET 除栅介质敏感层暴露在外，其余部分都加绝缘保护，其源、漏电极区通常需延长引出，并采用长引线封装，当沟道栅介质与待测溶液接触时，源、漏电极才不会被溶液短路。引线和压焊用环氧树脂密封和固定。

把敏感膜沉积于 ISFET 的栅表面上的制作方法有物理气相沉积法（其中包括真空蒸发、直洗和射频溅射）、化学气相沉积法以及浸泡涂覆法。对于有机敏感膜，以浸泡涂覆法和射频溅射法为宜。ISFET 一般采用双层或多层栅敏感膜，这是由于一种材料很难同时满足一般 ISFET 传感器栅绝缘体应具备的所有要求：钝化硅表面，以减少界面态和固定电荷；具有抗水化和阻止离子通过栅材料向半导体表面迁移的特性；对所监测离子具有良好的灵敏度和选择性等。

ISFET 实际上是敏感膜与 MOSFET 的复合体，其基本结构与普通 MOSFET 类似，如图 8-6 所示。使用时，ISFET 的栅介质（或离子敏感膜）直接与待测溶液接触，在溶液中必须设置参比电极，以便通过它施加电压使 ISFET 工作。待测溶液相当于一个溶液栅，它与栅介质界面处产生的电化学势将对 ISFET 的 Si 表面的沟道电导起调制作用，所以 ISFET 对溶液中离子活度的响应可由电化学势对阈值电压 U_T 的影响来表征：

$$U_T = (\varphi_1 + V_1) - \left[\frac{Q_{ox}}{C_{ox}} - 2\varphi_F + \frac{Q_B}{C_{ox}}\right]$$

式中，φ_1 为溶液与栅介质界面处的电化学势；V_1 为参比电极和溶液之间的结电势；Q_{ox} 为氧化层和等效界面态的电荷密度；Q_B 为衬底耗尽层中单位面积的电荷；φ_F 为衬底体费米势；C_{ox} 为单位面积栅电容。

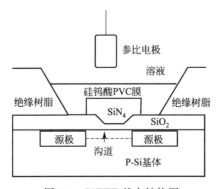

图 8-6　ISFET 基本结构图

对确定结构的 ISFET，则上式中除 φ_1 外，其余各项均为常数，所以 U_T 的变化只取决于 φ_1 的变化，而 φ_1 的大小取决于敏感膜的性质和溶液离子活度。根据能斯特方程：

$$\varphi_1 = \varphi_0 \pm \frac{RT}{z_i F} \ln \alpha_i$$

式中，φ_0 为常数；R 为气体常数，$8.314 \mathrm{J \cdot K^{-1} mol^{-1}}$；$F$ 为法拉第常数，$9.649 \times 10^4 \mathrm{C \cdot mol^{-1}}$；$\alpha_i$ 为溶液离子活度，$\mathrm{mol \cdot L^{-1}}$；$z_i$ 为离子价数；T 为绝对温度，T。

将上述两式整理得：

$$U_T = (\varphi_1 + V_1) - \left[\frac{Q_{OX}}{C_{OX}} - 2\varphi_F + \frac{Q_B}{C_{OX}} \right] \frac{RT}{z_i F} \ln \alpha_i$$

由上式可知，对给定的 ISFET 和参比电极 ISFET 的 U_T 与待测溶液中离子活度的对数呈线性关系：

$$U_T = C \pm S \times \ln \alpha_i$$

如用 pH 值表示，则有：

$$U_T = C \pm S \times \mathrm{pH}$$

对其进行微分可得：

$$S = \frac{\mathrm{d} U_T}{\mathrm{dpH}} \ln \alpha_i \qquad （S 称为 ISFET 的灵敏度）$$

由上述可知，可用 ISFET 的阈值电压 U_T 的变化来测量溶液中的离子活度。

二、 ISFET 的分类

种类繁多的 ISFET 按分类标准不同常可以分为不同类型，目前常用的有按敏感层的敏感机理和按敏感膜的不同两种分类方法。

1. 按敏感层的敏感机理分类

按敏感层的敏感机理基本上可以分为三类：阻挡型界面绝缘体、非阻挡型离子交换膜、固定酶膜。所有 ISFET 的硅表面钝化层和防水化层是相同的，所不同的仅是离子敏感层的表面。

(1) 阻挡型界面绝缘体　包括不水化的无机绝缘体，如 Si_3N_4、Al_2O_3、Ta_2O_5 及疏水性聚合物 [如聚四氟乙烯（teflon）和聚对亚苯基二甲基（payrlene）]。由于电解液-绝缘体界面完全阻挡（可极化），因此 E-I 界面无质量和电荷传输。这种类型的 E-I 界面满足表面基模型。

(2) 非阻挡型离子交换膜　包括传统离子选择性电极（ISE）通常使用的材料，如固态膜、液态膜、掺金属离子的玻璃等。电解液-离子交换膜界面电势由溶液中离子浓度和膜内离子浓度之差决定，平衡时化学势相等。由于非阻挡离子交换膜-电解液界面有质量和电荷传输穿过表面进入膜体内，因此描述界面势的理论完全不同于阻挡型绝缘体-电解液界面理论。

(3) 固定酶膜　由聚合物基质（如 PVA）和一种固定化酶（如葡萄糖氧化酶）组成，又称 ENFET。溶液中被测物质与酶反应（酶作为反应物或催化剂）并释放某种可以被 ISFET 敏感的产物（如 H^+），能够实现对生物分子的检测。在众多的 ISFET 中以 H^+ 敏感场效应晶体管最为基本和重要。

2. 按照敏感膜的不同分类

ISFET 按照敏感膜的不同一般可分为以下几种。

(1) 无机 ISFET　其敏感膜一般为无机绝缘栅、固态膜或有机高分子 PVC 膜，用于检测 NH_4^+、H^+、K^+、Na^+、F^-、Cl^- 等无机离子。

(2) 酶 FET　由一层含酶的物质与 ISFET 相结合所构成，即在敏感栅表面固定一层酶膜，利用酶与底物之间高效、专一的反应进行选择性地测定，是研究最多的一种场效应管生物传感器。当待测底物与酶接触时反应生成新的物质，引起敏感膜附近局部的离子浓度变化，从而导致栅极表面电荷变化，产生依赖于待测底物浓度的电信号。在酶 FET 的研究中，除了极少数是基于其他离子敏感场效应晶体管外，绝大多数都是由 H^+ 敏感场效应晶体管构成。

(3) 免疫 FET　由具有免疫反应的分子识别功能敏感膜与 ISFET 相结合所构成，其中包括非标记免疫 FET 和标记免疫 FET 两种。将抗体固定在膜基质上，固定化的抗体可将抗原结合到膜表面，形成抗体-抗原复合物，引起膜的电荷密度和离子迁移的变化，从而导致膜电位的变化，称为非标记免疫 FET；在抗原中加入一定量的酶标记抗原，酶标记抗原和未标记的抗原相互竞争，都可以与膜表面的抗体结合，形成抗体-抗原复合物，通过对标记酶量的测定从而获得待测抗原的信息，这类称为标记免疫 FET。

除了固定抗体外，也可以固定抗原，利用同样的原理进行检测。临床医学方面，放射免疫法常需要免疫 FET 检测各种抗原和抗体，该分析方法灵敏度极高，但需要的仪器、药品价格昂贵，且事后放射性废物的处理也比较麻烦。因此，专家们对非放射性免疫法的研究十分重视。目前，利用抗原与抗体之间的高选择特性，各种基于免疫 FET 的传感器的研制已经获得初步成功。

(4) 组织 FET　由哺乳动物或植物的组织切片作为分子识别元件与 ISFET 相结合所构成。由于组织只是生物体的局部，组织细胞内的酶品种可能少于生命整体的微生物细胞内的酶品种，因此组织 FET 可望有较高的选择性。组织 FET 实际上也是酶 FET，是利用天然组织中酶的催化作用，这种酶存在于天然的动植物组织内，有其他生物分子的协同作用，因而十分稳定。

基于组织 FET 制成的传感器寿命较长，人工提取后纯化过的酶，价格异常昂贵，且酶蛋白分子一旦离开天然的生物环境，其寿命也就大大缩短，用动植物组织代替纯酶，取材容易，易于推广应用。

(5) 微生物 FET 由具有分子识别能力的微生物与 ISFET 相结合构成。其原理是利用微生物对某些特定物质的转化作用，产生可被 ISFET 检测到的信号。

微生物 FET 的测定原理有两种类型：一类是利用微生物在同化底物时消耗氧的呼吸作用；另一类是利用不同的微生物含有不同的酶，这与动植物组织一样，把它作为酶源。微生物分好氧性和厌氧性两类，好氧性微生物在繁殖时需要消耗大量的氧，从氧浓度的变化来观察微生物与底物的反应情况，通常用氧电极来测定。

三、 ISFET 的优点

与传统离子选择电极相比，ISFET 具有以下优点：

① 灵敏度高，响应快，检测仪表简单方便，输入阻抗高，输出阻抗低，兼有阻抗变换和信号放大的功能，可避免外界感应与次级电路的干扰作用；

② 体积小，重量轻，特别适用于生物体内的动态监测；

③ 不仅可以实现单个器件的小型化，而且可以采用集成电路工艺和微加工技术，实现多种离子和多功能器件的集成化，并适于批量生产，成本低；

④ 可以实现全固态结构，机械强度大，适用范围广，适应性强；

⑤ 易于与外电路匹配，使用方便，并可与计算机连接，实现在线控制和实时监测；

⑥ ISFET 的敏感材料具有广泛性，不局限于导电材料，也包括绝缘材料。

四、 ISFET 的改进和发展方向

30 多年来，尽管研制出了各种 ISFET 器件，但其在生物化学传感器领域的商品化产品并不多，主要原因在于稳定性不好、温度漂移性、时间漂移性和使用寿命短等。为了克服这些不利因素，近年来，国内外进行了广泛而深入的研究。

1. 零温度系数工作点调节法

针对 ISFET 的温度漂移性，有人提出了零温度系数工作点的想法。由于 ISFET 的原理是基于传统的 MOSFET，其阈值电压及沟道载流子浓度都随温度的升高而增大，所以在 ISFET 的 ID-IGS 特性中存在一个零温度系数点。然而，零温度系数工作点随制造工艺及工作环境的改变而变化。因此，设定 ISFET 尽量靠近零温度系数工作点工作可大大改善温度对器件性能的影响。

2. 参比电极的微型化

ISFET 在使用过程中需要参比电极来提供电位基准，由于器件和参比电极的分离将影响 ISFET 的应用，因此参比电极的微型化甚至集成到芯片上，是改进 IS-

FET 普遍采用的方法。另外，可以使用两只场效应管进行差分测量，它们共用一个参比电极。一支 FET 涂上敏感膜，作为指示 FET；另一支涂上非活性膜，作为参比 FET。这样就可以排除外界因素，如环境温度、电场噪声和本体溶液 pH 值变化等的干扰。需要指出的是，采用差分测量时，也可以使用常规的参比电极，而且两支场效应管可以是分开的，也可以在同一 Si 基底上。

3. 外延栅极的场效应管

ISFET 在导电溶液中工作，因此器件与溶液的绝缘性成为影响 ISFET 稳定性和使用寿命的一个关键性因素。针对这个问题，有人提出了一种新的结构：外延栅极场效应管。该管的结构是把栅电极通道作适当的延长（甚至与主体分离），将敏感膜固定在延长的栅极上。许多 ISFET 采用的封装方法是涂胶保护结构，只露出敏感区，其不足是长时间在酸性、碱性溶液中使用，易使保护胶脱落。而延长栅极后，测量时只需将延长的栅极浸入待测液中，从而可以保护场效应管不受溶液的干扰和腐蚀，也完全解决了光的影响，提高了器件的可靠性和使用寿命。此外，延长栅极后场效应管器件的封装更容易，且延长的栅极可根据需要做成不同的形状。

4. 复合多功能场效应管

复合多功能场效应管是将独立的场效应管进一步集成化的结果。在同一硅片上集成多个 ISFET，修饰上不同的敏感膜，可实现对不同离子、生物分子乃至气体的测定。Martinoia 等采用集成化的场效应管，对细胞群的代谢及神经细胞的活动进行了监测。Poghossian 等制成的多功能场效应管可以测定温度、pH 值和青霉素。复合多功能场效应管的一个主要问题是可能产生交叉干扰。因为各分立场效应管之间的栅极及其敏感膜距离太近，由某一生物敏感膜上发生的反应所引起的局部 pH 值或离子浓度的变化，可能干扰邻近场效应管的敏感膜，导致其输出信号产生偏差。要解决这一问题，对于由多个酶场效应管组成的系统，可以通过条件优化，找出对各种酶均比较适合的 pH 值。

5. 结合流动注射分析的场效应管

据研究表明，当被测溶液呈流动状态时，不会对 ISFET 器件的测量结果产生影响，且参比电极的电位对被测溶液的影响也可忽略。将流动注射分析与 ISFET 相结合，可减少取样量，使操作简单，分析速度加快，且易于实现在线控制和自动化；对 ISFET 稳定性要求低，且不会对器件敏感性、稳定性和测量结果产生影响，还可以自动校正；带执行器的 ISFET 成为最近的研究热点。这样，测量中的信号可以实时反馈到计算机，由计算机控制执行器产生滴定剂，调节被测环境的 pH 值，实现实时连续检测；结合光纤测量，可提高精度。

第四节　基于溶胶-凝胶固定分子的电化学传感器

发展电化学生物传感器是化学传感器的一个重要领域，也是人们一直感兴趣的研究方向。人们一直探求在生物传感器的制备过程中将生物化学分子和电子媒介体有效地固定于电极基质材料中的新型固定化方法。溶胶-凝胶材料所具有的诸多特性，如可低温包埋、孔径可控性、不溶胀性、化学惰性、物理刚性、光透性、易于制备以及良好的生物相容性，赋予了溶胶-凝胶过程有效地固定各种敏感试剂的能力。基于此，溶胶-凝胶技术的各种传感器也随之蓬勃发展起来。

一、溶胶-凝胶法

溶胶-凝胶法（sol-gel method）就是以无机物或金属醇盐作前驱体，在液相将这些原料均匀混合，并进行水解、缩合化学反应，在溶液中形成稳定的透明溶胶体系，溶胶经陈化，胶粒间缓慢聚合，形成三维空间网络结构的凝胶，凝胶网络间充满了失去流动性的溶剂，形成凝胶。凝胶经过干燥、烧结固化制备出分子乃至纳米亚结构的材料。

溶胶-凝胶法由于其前驱体及反应条件的不同可以分为以下几种制备方法。

1. 金属醇盐水解法

该方法是将醇盐溶解于有机溶剂中，通过加入蒸馏水使醇盐水解、聚合，形成溶胶。溶胶的化学均匀程度一方面受到前驱液中各醇盐混合水平的影响，这与醇盐之间的化学反应情况密切相关；另一方面，每种醇盐对水的活性也有很大的差异。当金属醇盐之间不发生反应时，各种金属醇盐对水的活性起决定作用，反应活性的不同导致溶胶均匀程度的不同。添加有机络合剂是克服这些问题切实可行的办法，常用的络合剂有羧酸或 β-二酮等添加剂。

2. 强制水解法

该方法的基本过程是将所要制备的金属氯化物加到氯化氢的水溶液中，加热至沸腾，反应一段时间即得到相应的溶胶。这种方法在氧化物阳极材料的制备中也得到了较为广泛的应用。

3. 金属醇盐氨解法

如制备高纯、超细的三氧化二锑。可以三氯化锑、乙醇和浓氨水作原料，在同一容器里一步完成醇盐化、水解及氨解，即可得粒径在 $1\mu m$ 左右的超细锑白。产品白度好、纯度高。反应条件不苛刻，反应周期短，能耗低，设备简单，并且可将过量的原料乙醇进行回收。过量 NH_3 可用水吸收或用酸吸收生成铵盐。

4. 原位聚合法

这种方法的作用机理是有机单体聚合形成不断生长的刚性有机聚合网络，包围稳定的金属螯合物，从而减弱各种不同离子的差异性，减少各金属在高温分解中的偏析。

二、溶胶-凝胶修饰电极的制备

溶胶-凝胶修饰电极的制备就是将含高化学活性组分的化合物经过溶液、溶胶、凝胶而固定在电极基质材料上。

本书以运用溶胶-凝胶技术将血红蛋白（Hb）固定于银纳米颗粒（AgNPs）修饰的玻碳电极（GCE）表面，制得 sol-gel/Hb/AgNPs/GCE 修饰电极为例做简单介绍。

1. 银纳米溶胶的制备

用柠檬酸钠作还原剂加热法制备银纳米溶胶，具体方法是基于 Meise 的报道，并作一定的改进：10mg AgNO$_3$ 溶于 50mL 二次蒸馏水中，磁力搅拌，加热到100℃，然后逐滴加入 1.0mL1 ％的柠檬酸钠，保持 100℃继续搅拌，直至得到亮黄色银纳米溶胶，整个反应在氮气保护下进行。

2. 储备液的配制

血红蛋白储备液：称取 50mg 牛血红蛋白，用水稀释，并定容至 10mL 的容量瓶中，避光 4℃下保存。

溶胶-凝胶储备液：在室温下将 1mL 正硅酸乙酯、0.2mL 0.1mol·L^{-1} 的HCl、3mL 水和 10mL 乙醇混合于 20mL 密封瓶中，超声震荡 30min，至形成均一溶胶液，密封存放于阴暗处。

3. GCE 的预处理

将 GCE 用氧化铝粉抛光，在二次蒸馏水和硝酸溶液(1∶1，体积比)、丙酮和二次蒸馏水中分别超声洗涤 5min，并重复 2 次，然后进行电化学活化处理［即在0.5mol·L^{-1} 的 H$_2$SO$_4$ 中于$-1.0\sim1.0$V 电位范围内进行循环伏安（CV）扫描］，直到获得稳定的循环伏安响应。

4. sol-gel/Hb/AgNPs/GCE 修饰电极的制备

采用包埋法：用微量进样器取 2μL 银纳米溶胶滴于 GCE 表面上，置于 4℃下避光处晾干；再取 2μLHb 溶液覆盖电极表面，于 4℃下避光处晾干，最后取1μLsol-gel 均匀平铺于电极上，即制得 sol-gel/Hb/AgNPs/GCE 修饰电极。电极不用时置于冰箱中 4℃下保存。相同条件下制备 sol-gel/Hb/GCE 电极和 sol-gel/AgNPs/GCE 电极作为比较电极。

三、溶胶-凝胶在分析科学中的应用

1. 电催化

在电催化中常用的催化剂有惰性金属、有机和无机金属催化剂以及多酸类

(POM) 化合物。Sampath 等用氢气还原 $PdCl_2$ 的方法将 Pd 修饰到石墨粉表面，用于制备安培生物传感器。Wang 等将 RuO_2 与溶胶凝胶液进行充分混合，制备成碳陶瓷电极后在 $-0.7V$（vs. Ag/AgCl）还原 10min 形成 Ru 修饰的碳陶瓷电极，并进一步用于制备葡萄糖生物传感器。Ha 等将有机金属化合物铁酞菁吸附于碳粉表面，加入由 MTMOS 制备的溶胶中经陈化干燥后制得修饰电极，用于酸性溶液中亚硝酸盐的催化还原测定。

2. 气体传感器

Tsionsky 等将热处理四甲氧基钴卟啉修饰的碳陶瓷电极用于 CO_2 和 O_2 的阴极还原测定，以及阳极氧化测定 SO_2。SiO_2 凝胶的多孔结构使得电极具有很高的气体渗透性，而电极表面的疏水性则防止了水在电极表面的渗透，降低了背景电流。Rabinovich 等详细介绍了基于碳陶瓷电极的气体传感器的原理，利用吸附氧的阳极溶出伏安和铜的欠电位沉积等技术对 Pd 微粒碳陶瓷修饰电极的润湿层和电活性部分进行了深入研究，并比较了不同的制备方法（Pd/CCE 和 Pd－C/CCE）对 Pd 修饰碳陶瓷气体传感器性能的影响。

3. 离子传感器

Kimura 等在一系列的工作中将二氧化硅凝胶薄膜用于离子传感器的制备。为防止泄漏，他们将中性离子载体（冠醚）以及大的阴离子（四苯硼酸盐）键合到硅烷前驱体上，然后与其他烷氧基化合物混合，经水解、缩合后修饰到电极表面。四苯硼酸阴离子起到增加凝胶薄膜的导电性、消除阴离子干扰以及增加离子（Na^+）传感器灵敏度的作用。此外，他们还利用同样的方法，在 pH 玻璃电极表面修饰含有中性离子载体和阳离子烷氧基化合物的凝胶薄膜，用于各种阴离子（Cl^-、Br^-、NO_3^- 等）及阳离子（Na^+、K^+ 等）的测定。

Tsionsky 等利用醌修饰碳陶瓷电极制备了 pH 计。9,10-菲醌在碳陶瓷电极中呈现良好的能斯特响应（$dEo'/dpH=60.2mV$，pH$=0\sim7$）以及宽的 pH 线性范围（pH$=0\sim9$）。醌在电极上的轻微泄漏不会影响电极的准确性，因为在测量中根据峰电位而不是电流的变化来确定溶液的 pH 值。

Barrero 用硅凝胶固定的 Pyoverdin 荧光法分析了 Fe^{3+}，实验中没有发现试剂的泄漏，且其稳定性在溶胶-凝胶基底中得到了增强，采用流动注射法的最低检测限可达到 $20mg \cdot mL^{-1}$，响应快，并成功用于测定自来水及血清中铁的含量。

4. 色谱检测器

Pamidi 等将裸碳陶瓷电极用作高效液相色谱的喷壁式电化学检测器，对几种神经递质（肾上腺素、去肾上腺素、多巴胺和儿茶酚）进行了测定。与用碳糊电极相比，碳陶瓷电极具有更高的灵敏度、更好的选择性和稳定性。Hua 等将氧化亚铜和石墨粉的机械混合物分散到以甲基三甲氧基硅烷（MTMOS）为前驱体的溶胶中，经凝胶化、陈化后得到氧化亚铜修饰的碳陶瓷电极，并将该电极用作毛细管电泳的柱端安培检测器对糖类化合物（蔗糖、乳糖、葡萄糖、甘露糖和核糖等）和儿茶酚胺类化合物（肾上腺素、去甲肾上腺素和多巴胺）进行了测定。

5. 电化学发光

近些年来，$Ru(bpy)_3^{2+}$ 的电化学发光已经被广泛应用于分析化学的各个领域。由于在电化学发光过程中 $Ru(bpy)_3^{2+}$ 能够循环利用而不消耗，故可以将其固定化制备成固相发光材料。二氧化硅凝胶良好的光透性以及物理稳定性使之成为固定化发光材料的理想介质。

Collinson 等将 $Ru(bpy)_3^{2+}$ 和三丙基胺以一定的比例与苯（TMOS）相混合，在装有 Pt 及 Ag/AgCl 的小玻璃瓶中进行水解、缩合、陈化，形成固相电化学发光材料。电化学发光强度由凝胶中固定的 $Ru(bpy)_3^{2+}$ 和三丙基胺的量以及电极的几何面积等因素决定。实验发现，在大孔凝胶材料以及大面积电极中，由于三丙基胺的迅速消耗使得发光强度降低较快。由此，可以通过调节电极的大小、凝胶介质的孔径尺寸和极性来控制发光材料的使用寿命及发光强度。这一小组还利用同样的方法将 $Ru(bpy)_3^{2+}$ 及还原性物质（草酸盐、三丙基胺、三丁基胺、三乙胺和三甲胺等）分别固定于二氧化硅凝胶中制备成固相发光材料，并研究了固定于凝胶材料中的不同还原性物质对发光强度和稳定性的影响。

四、展望

尽管溶胶-凝胶材料已经被应用于分析化学的各个领域，但仍有大量的基础研究工作要做，以便于能够在分子水平上进一步了解和控制溶胶-凝胶的化学过程，调控所得材料的性质，使之更加适合于实际应用。相信随着研究的深入，溶胶-凝胶技术必将得到进一步的发展。

第五节　新型电化学式气体传感器

人类文明的高度发展造成的环境破坏是 21 世纪所面临的一个严肃而尖锐的问题。为了自身的生存发展，对大气环境中污染物的排放进行严格控制成为全世界人民的共同呼声。因此，开发有效的气体检测设备非常重要。目前，人们对气体的检测手段主要有以下几种：热导分析（常用于气相色谱分析）、磁式氧分析、电子捕获分析、紫外吸收分析、光纤传感器、半导体气体传感器、化学发光式气体传感器、化学分析、电化学式传感器。

在众多的分析设备中，一些设备，如化学发光式气体分析仪等，虽然具有检测灵敏度高、准确性强等优点，但由于体积庞大，不能用于现场实时监测，而且价格昂贵，超出一般检测用户的承受能力，所以其应用受到很大限制。其他一些分析设备，如半导体气体传感器（如 SnO_2、ZnO 型等），灵敏度虽然比较高，但稳定性较差，工作温度大多数在 300℃ 以上，需要加热装置，一般只能用作报警器。相对而言，电化学式传感器既能满足一般检测中对灵敏度和准确性的需要，又具有体积小、操作简单、携带方便、可用于现场监测且价格低廉等优点，所以，在目前已有的各类气体检测设备中，电化学传感器占有很重要的地位。

一、电化学式气体传感器的分类

电化学式气体传感器是一种化学传感器，按照工作原理，一般分为下面几种类型：

① 在保持电极和电解质溶液的界面为某恒电位时，将气体直接氧化或还原，并将流过外电路的电流作为传感器的输出；

② 将溶解于电解质溶液并离子化的气态物质的离子作用于离子电极，把由此产生的电动势作为传感器输出；

③ 将气体与电解质溶液反应产生的电解电流作为传感器输出；

④ 不用电解质溶液，而用有机电解质、有机凝胶电解质、固体电解质、固体聚合物电解质等材料制作传感器。

表 8-1 给出了实际应用中的电化学气体传感器的种类、现象、材料与特点。

表 8-1　各种电化学式气体传感器的比较

种类	现象	传感器材料	特点
恒电位电解式	电解电流	气体扩散电极，电解质水溶液	通过改变气体电极、电解质水溶液、电极电位等进行检测，可选择被测气体
		气体电极，水化固体聚合物膜	不使用酸、碱性电解质水溶液，不必担心其由于蒸发而消耗掉
伽伐尼电池式	电池电流	电极电位较低的贱金属为阳极（对比电极），电极电位较高的贵金属为阴极（工作电极），电解质水溶液	电池电流作为检测输出，电路简单
		金属工作电极和对比电极，有机凝胶电解质、无机盐	不必担心电解质水溶液的消耗，但不能检测高浓度气体
离子电极式	电极电位的变化	离子选择电极，电解质水溶液，多孔聚四氟乙烯膜	选择性好，但被测气体种类不多
电量式	电解电流	贵金属正负电极，电解质水溶液，多孔聚四氟乙烯膜	选择性好，但被测气体种类不多

种类	现象	传感器材料	特点
浓差电池式	浓差测定产生的电势	固体电解质	适合低浓度测量，装置体积大、投资高，需消耗电力，需基准气体

二、各种电化学式气体传感器的工作原理及研究进展

1. 恒电位电解式气体传感器

恒电位电解式气体传感器的原理是：使电极与电解质溶液的界面保持一定电位进行电解，通过改变其设定电位，有选择地使气体进行氧化或还原，从而能定量检测各种气体。对特定气体来说，设定电位由其固有的氧化还原电位决定，但又随电解时工作电极的材质、电解质的种类不同而变化。电解电流和气体浓度之间的关系如下式表示：

$$I = nFADC/\ddot{a}$$

式中，I 为电解电流，A；n 为 1mol 气体产生的电子数；F 为法拉第常数；A 为气体扩散面积，cm^2；D 为扩散系数，$cm \cdot s^{-1}$；C 为电解质溶液中电解的气体浓度，$mol \cdot L^{-1}$；$\ddot{a}$ 为扩散层的厚度，cm。

在同一传感器中，n、F、A、D 及 $\ddot{a}$ 是一定的，所以电解电流与气体浓度成正比。自 20 世纪 50 年代出现克拉克电极以来，控制电位电化学气体传感器在结构、性能和用途等方面都得到了很大的发展。国外有关这方面的大量报道出现在 20 世纪 70 年代，20 世纪 70 年代初，市场上就有了 SO_2 检测仪器。以后，又先后出现了 CO、CH_3COOH、N_xO_y（氮氧化物）、H_2S 检测仪器。这些气体传感器灵敏度是不同的，一般是 $H_2S > NO > NO_2 > SO_2 > CO$，响应时间一般为几秒至几十秒，大多数小于 1min。它们的寿命相差很大，短的只有半年，而美国 General Electric 公司生产的 CO 监测仪实际寿命已近 10 年。影响这类传感器寿命的主要因素有：电极受淹、电解质干枯、电极催化剂晶体长大、催化剂中毒和传感器使用方式等。

以 CO 气体检测为例来说明这种传感器的结构和工作原理。其基本结构如图 8-7 所示，在容器内的相对两壁，安置工作电极和对比电极，其内充满电解质溶液构成一密封结构，再在工作电极和对比电极之间加以恒定电位差而构成恒压电路。透过隔膜（多孔聚四氟乙烯膜）的 CO 气体在工作电极上被氧化，而在对比电极上 O_2 被还原，于是 CO 被氧化而形成 CO_2。此时，工作电极和对比电极之间的电流就是上式中的电解电流 I，根据此电流值就可知 CO 气体的浓度。这种方式的传感器可用于检测各种可燃性气体和毒性气体，如 H_2S、NO、NO_2、SO_2、HCl、Cl_2、PH_3 等。

2. 伽伐尼电池式气体传感器

伽伐尼电池式气体传感器通过测量电池电流来检测气体浓度。但由于传感器

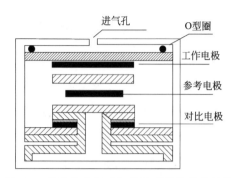

图 8-7　恒电位电解式气体传感器的基本结构

本身就是电池,所以不需要由外界施加电压。这种传感器主要是用于 O_2 的检测。用于恒电位电解式气体传感器的电解电流与气体浓度的关系式 $I=nFADC/\ddot{a}$ 也适用于这种传感器。

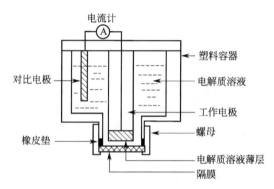

图 8-8　伽伐尼电池式气体传感器的基本结构

　　以 O_2 检测为例来说明这种传感器的构造和原理。其基本结构如图 8-8 所示,在塑料容器内的一侧安置厚 $10\sim30\mu m$ 的透氧性好的聚四氟乙烯(PTFE)膜,靠近该膜的内面设置阴极(Pt、Au、Ag 等),在容器中其他内壁或容器内空间设置阳极(Pb、Cd 等离子化倾向大的贱金属),用 KOH、$KHCO_3$ 作为电解质溶液。检测较高浓度($1\%\sim100\%$)的 O_2 时,可以用 PTFE 膜;而检测低浓度(数 $mg \cdot kg^{-1}\sim$数百 $mg \cdot kg^{-1}$)气体,则用多孔聚四氟乙烯。通过隔膜的 O_2,溶解于隔膜与阴极之间的电解质溶液薄层中,当此传感器的输出端接上具有一定电阻的负载电路时,在阴极上发生氧气的还原反应,在阳极进行氧化反应,阳极的铅被氧化成氢氧化铅(一部分进而被氧化成氧化铅)而消耗,因此,负载电路中有电流流动。此电流在负载电路的两端产生电压变化,将此电压变化放大则可表示浓度。

　　影响此类传感器寿命的主要因素是 Pb 负极的钝化和电解液蒸发,日本的藤田雄耕和丁藤寿士在如何提高伽伐尼电池氧传感器的使用寿命方面做了大量的工作，关贞道及小林长生也在传感器的性能上进行详细的研究，检测其他各种气体的伽伐尼电池式气体传感器也正在实用化。

3. 离子电极式气体传感器

离子电极式气体传感器的工作原理是：气态物质溶解于电解质溶液并解离，解离生成的离子作用于离子电极产生电动势，将此电动势取出以代表气体浓度。这种方式的传感器是由工作电极、对比电极、内部溶液和隔膜等构成的。

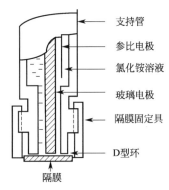

图 8-9　离子电极式气体传感器的基本结构

现以检测 NH_3 为例说明这种气体传感器的工作原理。其基本结构如图 8-9 所示，工作电极是可测定 pH 值的玻璃电极，参比电极是 Ag/AgCl 电极，内部溶液是 NH_4Cl 溶液。NH_4Cl 解离，产生 NH_4^+，同时水也微弱解离，生成 H^+，而 NH_4^+ 与 H^+ 保持平衡。根据能斯特方程，H^+ 浓度产生的电动势 E 可用下式表示：

$$E = E_0 + \frac{2.3RT}{F} \lg[H^+]$$

式中，E_0 为电池的标准电动势，V；R 为气体常数；T 为绝对温度，K；$[H^+]$ 为氢离子浓度，$mol \cdot L^{-1}$。

将传感器放入 NH_3 中，NH_3 将透过隔膜向内部浸透，$[NH_3]$ 增加，而 $[H^+]$ 减少，即 pH 值增加。通过玻璃电极检测此 pH 值的变化，就能知道 NH_3 浓度。除 NH_3 外，这种传感器还能检测 HCN、H_2S、SO_2、CO_2 等气体。

4. 电量式气体传感器

电量式气体传感器的原理是：被测气体与电解质溶液反应生成电解电流，将此电流作为传感器输出来检测气体浓度，其工作电极、对比电极都是 Pt 电极。现以检测 Cl_2 为例来说明这种传感器的工作原理。将溴化物 MBr（M 是一价金属）水溶液置于两个铂电极之间，解离出 Br^-，同时水也微弱解离出 H^+，在两铂电极间加上适当电压,电流开始流动,后因 H$^+$ 反应产生了 H$_2$,电极间发生极化,电流停止流动。此时若将传感器与 Cl$_2$ 接触,Br$^-$ 被氧化成 Br$_2$,而 Br$_2$ 与极化而产生的 H$_2$ 发生反应,其结果是电极部分的 H$_2$ 被极化解除,从而产生电流。该电流与 Cl$_2$ 浓度成正比,所以测量该电流就能检测 Cl$_2$ 浓度。除 Cl$_2$ 外,这种方式的传感器还可以检测 NH$_3$、H$_2$S 等气体。

5. 浓差电池式气体传感器

浓差电池式气体传感器是基于固体电解质产生的浓差电势来进行测量的。其基本结构如图 8-10 所示。

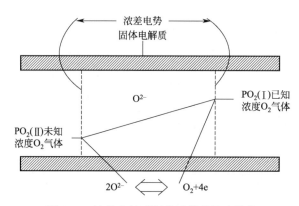

图 8-10　浓差电池型氧传感器的基本结构

利用能斯特方程可得其浓差电势大小为:

$$E = \frac{RT}{4F} \ln \frac{P_{o2}(\text{I})}{P_{o2}(\text{III})}$$

式中,E 为传感器浓差电势,V;$p_{o2}(\text{I})$ 为气体参比氧分压值,Pa;$p_{o2}(\text{II})$ 为气体被测氧分压值,Pa。

浓差式 ZrO$_2$ 氧传感器是比较成熟的产品,已被广泛应用于许多领域,特别是汽车发动机的空燃比控制中,图 8-11 为汽车的电子化和智能化中的传感器的基本结构。

三、气体电化学传感器的发展方向

上述的传感器大都是以水溶液作为电解质溶液的,它存在以下几点问题:

① 电解液的蒸发或污染常会导致传感器信号衰降,使用寿命短(一般来说,电化学传感器的寿命只有一年左右,最长不过两年);

② 催化剂长期与电解液直接接触,反应的有效区域,即气、液、固三相界面容易

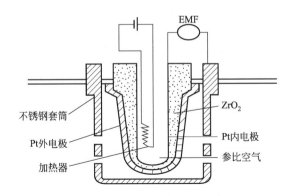

图 8-11　汽车的电子化和智能化中的传感器的基本结构

发生移动,会使催化活性降低;

③ 在干燥的气氛中,特别是在通气条件下,传感器中的电解液很容易失水而干涸,致使传感器失效;

④ 存在漏液、腐蚀电子线路等问题;

⑤ 为了保证传感器有一定的使用寿命,电解液的用量不能太少,因此限制了该类传感器的微型化。

为了避免由于水溶液电解液引起的上述问题,人们将注意力转向固体电解质。目前已有有机凝胶电解质气体传感器、固体聚合物电解质气体传感器等产品问世。随着人们对电化学传感器的进一步研究和电化学气体传感器研究将向如下方向发展:高灵敏度、高稳定性、长使用寿命、便携式、微型化、智能化。

参 考 文 献

[1] 张立德，牟季美. 纳米材料学 [M]. 沈阳：辽宁科技出版社，1994.

[2] 孙伟，尚智美，焦奎，等. 纳米碳管修饰电极在生物药物分析中的应用 [J]. 药物分析杂志，2005，25（6）：731-734.

[3] ANSON F. 电化学和电分析化学 [M]. 黄慰曾等编译. 北京：北京大学出版社，1981.

[4] 武汉大学. 分析化学 [M]. 北京：高等教育出版社，2006.

[5] HUANG K J, LIU X, XIE W Z, et al. Electrochemical behavior and voltammetric determination of norfloxacin at glassy carbon electrode modified with multi walled carbon nanotubes/Nafion [J]. Colloids Surfaces B: Biointerfaces, 2008, 64 (2): 269-274.

[6] 丁中华，康天放，郝玉翠，等. 碳纳米管/壳聚糖修饰电极的制备及其对 NADH 的电催化氧化 [J]. 化学研究与应用，2008，20（4）：374-377.

[7] 魏颖. 电阻层析成像技术（ERT）及其在两相流测量中的应用研究 [D]. 沈阳：东北大学，2001.

[8] 黄海波. 基于双极性脉冲电流激励的电阻层析成像系统的研制及其在两相流测量中的应用研究 [D]. 杭州：浙江大学，2004.

[9] 张进，徐岚，吕瑞红，等. 妥拉苏林分子印迹膜传感器的制备及识别特性研究 [J]. 化学学报，2010，68（2）：157-161.

[10] 李春涯，王长发，王成行，等. 分子印迹电化学传感器的研究进展 [J]. 分析科学学报，2006，22（5）：605-610.

[11] 栾崇林，李铭杰，李仲谨，等. 分子印迹电化学传感器的研究进展 [J] 化工进展，2011，30（2）：353-370.

[12] LIN Z Y, CHEN J H, CHEN G N. A ECL biosensor for glucose based on carbon-nanotube/Nafion film modified glass carbon electrode [J]. Electrochimica Acta, 2008, 53 (5): 2396-2401.

[13] LIU Y, YAN Y L, LEI J P, et al. Functional multiwalled carbon nanotube nanocomposite with iron picket-fence porphyrin and its electrocatalytic behavior [J]. Electrochemistry communications, 2007, 9 (10): 2564-2570.

[14] 黄德培，沈子深，吴国梁，等. 离子选择电极的原理及应用 [M]. 北京：化学工业出版社，1982.

[15] （德）哈曼，（英）哈姆内特，（德）菲尔施蒂希. 电化学 [M]. 陈艳霞，夏兴华，蔡俊译. 北京：化学工业出版社，2010.

[16] 卢小泉，王雪梅，郭惠霞，等. 生物电化学 [M]. 北京：化学工业出版社，2010.

[17] 石玉龙，闫凤英. 薄膜技术与薄膜材料 [M]. 北京：化学工业出版社，2015.

[18] 贾铮，戴长松，陈玲. 电化学测量方法 [M]. 北京：化学工业出版社，2006.

[19] 孙世刚. 电化学丛书——电催化 [M]. 北京：化学工业出版社，2013.

[20] 潘春旭. 新型纳米光催化材料：制备、表征、理论及应用 [M]. 北京：科学出版社，2018.

[21] 马淳安. 绿色电化学合成 [M]. 北京：化学工业出版社，2016.

[22] 周心如，于世林. 化验员读本（第 5 版）[M]. 北京：化学工业出版社，2016.

[23] （美）欧瑞姆，（法）特瑞博勒特著. 电化学阻抗谱 [M]. 雍兴跃，张学元等译. 北京：化学工业出版社，2014.

[24] 董绍俊，车广礼，谢远武. 化学修饰电极 [M]. 北京：科学出版社，2003.

[25] 邵元华. 电化学方法原理和应用 [M]. 北京：化学工业出版社，2005.

［26］　MORRISON S R. 半导体与金属氧化膜的电化学 ［M］. 吴辉煌译. 北京：科学出版社，1988.

［27］　李荻. 电化学原理（修订版）［M］. 北京：北京航空航天大学出版社，1999.

［28］　南京大学化学系. 分析技术词典 ［M］. 北京：科学出版社，1988.

［29］　张学记，鞠熀先，约瑟夫·王. 电化学与生物传感器——原理、设计及其在生物医学中的应用 ［M］. 张书圣，李雪梅，杨涛等译. 北京：化学工业出版社，2009.

［30］　武五爱，高宝平，郭满栋. 血红蛋白在溶胶-凝胶纳米银修饰电极上的直接电化学 ［J］，分析科学学报，2013 （01）.

［31］　WU W A，LI J，GAO B P，et al. Electrochemical assay of effects of organophosphate poisoning on ace- tylcholinesterase from pheretima via 2，6-Dimethyl-p-benzoquinone ［J］. 高等学校化学研究，2012 （4）.

［32］　武五爱，尹志芬，尉景瑞，等. 杂多酸化学修饰电极的研究进展 ［J］. 理化检验（化学分册），2010 （6）：712-716.

［33］　武五爱，郭满栋，尹志芬，等. 血红蛋白在纳米孔径氧化铝膜修饰电极上的直接电化学 ［J］. 化学学报，2009 （8）：781-785.

［34］　武五爱，尹志芬，尉景瑞，等. 米托蒽醌在金电极上的电化学研究及其应用 ［J］. 分析化学，2008 （12）：1721-17244.

［35］　武五爱，尹志芬，尉景瑞，等. 米托蒽醌分子印迹聚邻氨基酚敏感膜传感器的研制 ［J］. 分析科学学报，2008 （6） 681-684.

［36］　高宝平，郭满栋，武五爱. 长春地辛在硫化铜纳米花/石墨烯修饰玻碳电极上的电化学行为 ［J］. 理化检验（化学分册）2017 （5）.

［37］　庄瑞舫，杨铁柱. 化学修饰电极的制备方法 ［J］. 化学传感器，1988 （8）：1-7.

［38］　张贤珍，刘旭辉，莫志宏. 丝印电化学传感器及其应用研究进展 ［J］. 现代科学仪器，2002 （04）：46-50.

［39］　王永秋. 丝网印刷电极在电化学生物传感器上的应用研究 ［J］. 网印工业. 2018 （03）：50-53.

［40］　张蕾，万平. 等离子聚合薄膜技术及其应用 ［J］. 表面技术，2001 （05）：20-23.

［41］　曹雪芹，李晗芳，李国然，等. 磁控溅射法原位制备电催化活性的 $MoSe_2$ 用于染料敏化太阳能电池对电极 ［J］. 催化学报，2019 （9）：1360-1365.

［42］　王婉，李海玉，王志娟，等. 溅射金膜修饰玻片电极检测六价铬 ［J］. 分析测试学报，2016 （8）：1050-1053.